守护
绿水青山

Shouhu
Lüshuiqingshan

中国林草生态实践

守护
绿水青山

中国林草生态实践

上

国家林业和草原局宣传中心
主 编

中国林業出版社
·北 京·

图书在版编目（CIP）数据

守护绿水青山：中国林草生态实践：全 2 册 / 国家林业和草原局宣传中心主编 .— 北京：中国林业出版社，2022.8

ISBN 978-7-5219-1758-1

Ⅰ. ①守… Ⅱ. ①国… Ⅲ. ①森林生态系统 – 建设 – 中国 ②草原生态系统 – 建设 – 中国 Ⅳ. ① S718.55 ② S812.29

中国版本图书馆 CIP 数据核字（2022）第 115842 号

审图号：GS 京（2022）0479 号

出 版 人：成 吉
策划编辑：何 蕊 杨长峰
责任编辑：许 凯 刘香瑞 杨 洋
执笔润色：李 静
宣传营销：王思明 蔡波妮 刘冠群
电 话：（010）83143666

出版发行 中国林业出版社
（100009 北京市西城区刘海胡同 7 号）
书籍设计 北京美光设计制版有限公司
印 刷 北京雅昌艺术印刷有限公司
版 次 2022 年 8 月第 1 版
印 次 2022 年 8 月第 1 次印刷
开 本 880mm × 1230mm 1/32
印 张 15.75
字 数 320 千字

编委会

前　言

党的十八大以来，习近平总书记站在战略和全局的高度，围绕林草工作发表了一系列重要讲话，作出了一系列重要指示批示，深刻指出，林草兴则生态兴，森林和草原对国家生态安全具有基础性、战略性作用；森林是水库、钱库、粮库，现在应该再加上一个碳库。赋予了林草工作鲜明的时代精神、理论内涵和实践特色，为推进林草工作高质量发展提供了根本遵循。在以习近平同志为核心的党中央坚强领导下，开展了一系列根本性、长远性、开创性的工作，林草领域发生了历史性、转折性、全局性变化，进一步夯实了实现中华民族伟大复兴的生态基础。

近年来，林草领域涌现出一批认真践行习近平生态文明思想的典型实践案例，鲜活展现了林草工作所取得的历史性成就与发生的历史性变革。林草系统立足实际，不断深入总结国土绿化、国家公园建设、防沙治沙、资源管护、生物多样性保护、生态富民等方面的成功范式，大力推广一批体现林草工作高质量发展方向、具有创新价值、代表地方特色，以及群众认可度高、示范效应强的典型实践案例，以生动展示习近平生态文明思想对林草工作的科学指导作用，呈现林草系统完整、准确、全面贯彻习近平生态文明思想的创新实践和鲜活经验。为了让广大干部学有榜样、做有标尺、干有激情、赶有目标，进一步凝聚起开创林草工作高质量发展新局面的磅礴力量，我们特策划编辑出版《守护绿水青山——中国林草生态实践》一书。

本书精选了塞罕坝机械林场的生态创业史、山西右玉沙地造林生态保护修复、甘肃八步沙林场防沙治沙、青海祁连山黑土滩治理、天津七里海湿地保护修复等30个全国林草生态实践的成果和经验，以图文并茂的形式，用鲜活的案例和生动的讲述让全国林草行业和社会各界更好地了解林草生态建设成就、经验和故事，让广大群众更加珍爱和保护我们赖以生存的自然环境，让人与自然和谐共生理念深入人心。

编委会

2022年6月

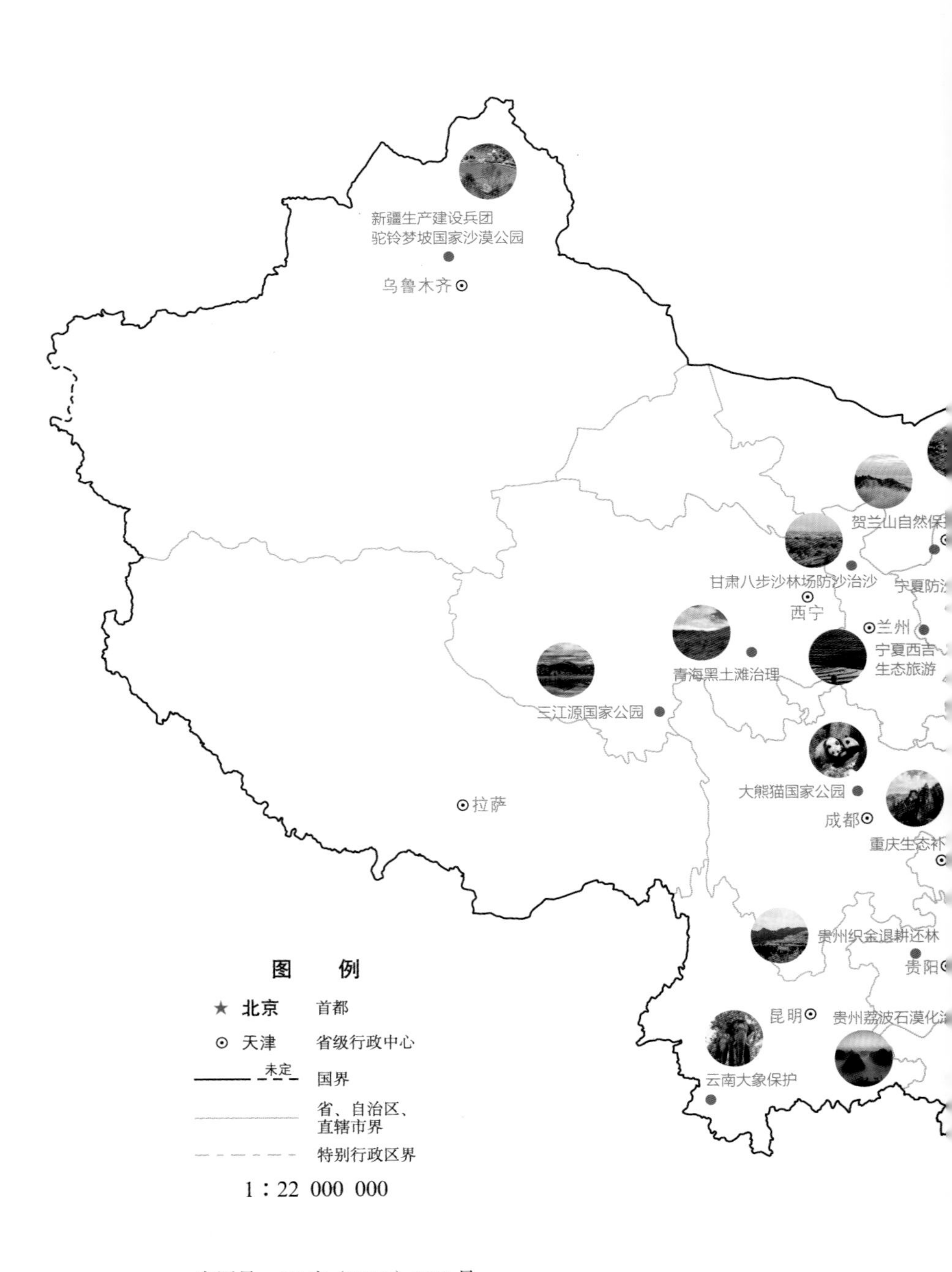

审图号：GS 京（2022）0479 号

林草生态实践案例分布

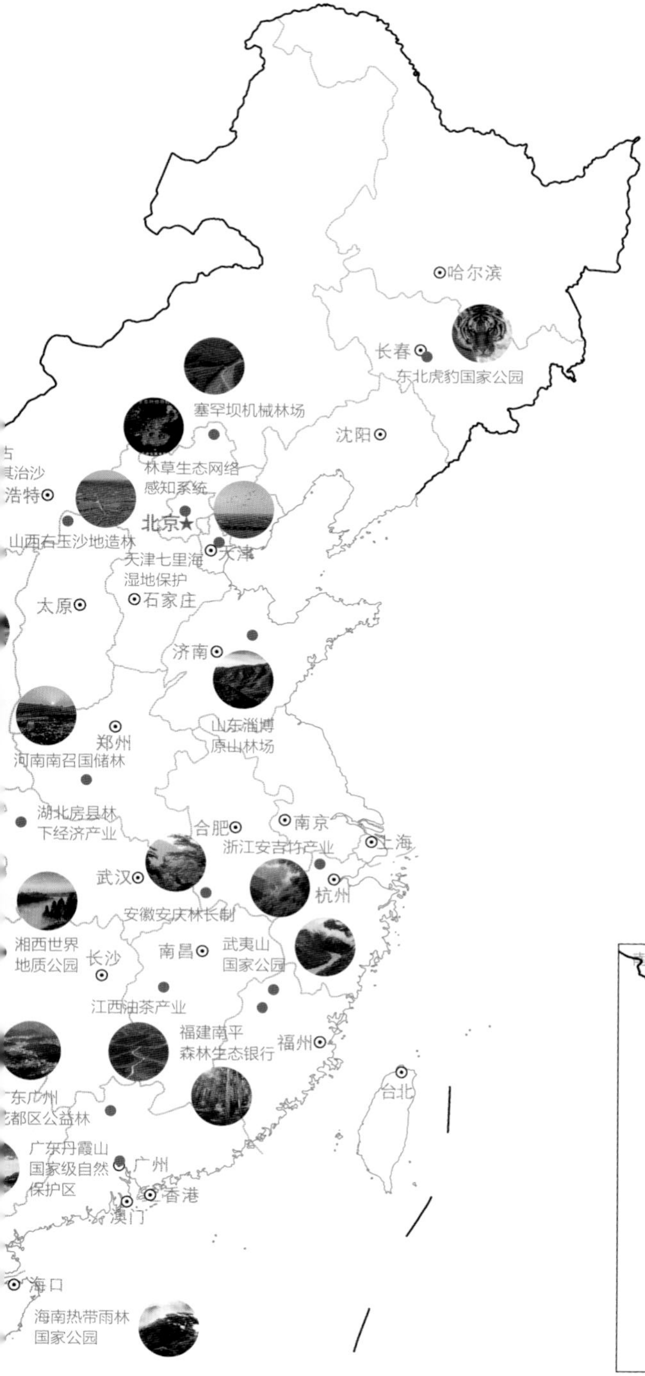

哈尔滨
长春
东北虎豹国家公园
塞罕坝机械林场
沈阳
林草生态网络
感知系统
古
某治沙
浩特
北京★
山西右玉沙地造林
天津
天津七里海
湿地保护
太原
石家庄
济南
山东淄博
原山林场
郑州
河南南召国储林
湖北房县林
下经济产业
合肥
南京
上海
浙江安吉竹产业
武汉
杭州
安徽安庆林长制
湘西世界
地质公园
长沙
南昌
武夷山
国家公园
江西油茶产业
福建南平
森林生态银行
福州
台北
东广州
都区公益林
广东丹霞山
国家级自然
保护区
广州
香港
澳门
海口
海南热带雨林
国家公园

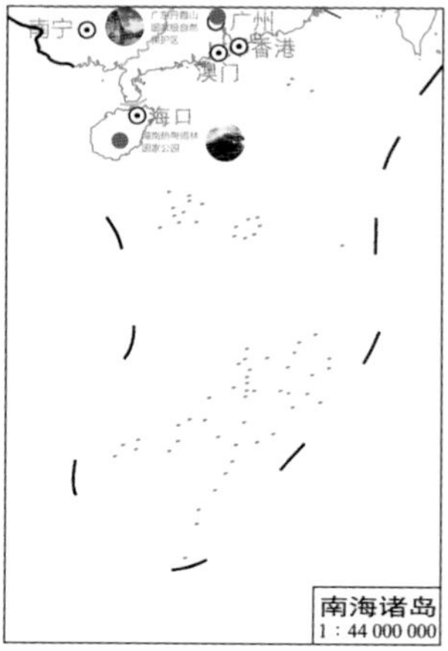

南宁
广州
香港
澳门
海口
南海诸岛
1 : 44 000 000

目 录

上

㈠ 生态修护

㈡ 林草改革

下

㊂ 自然保护

㊃ 生态惠民

一 生态修护

塞罕坝，一部不朽的生态创业史诗

塞罕坝是滦河、辽河两大水系的水源地之一，这里有山地、有草原、有丘陵；有森林、有湿地、有湖泊；有天然造化的风景，有人文缔造的传说，还有一种精神叫不朽……

塞罕坝之名来自蒙古语，意思是美丽的高岭。历史上，塞罕坝曾是一处天然名苑，水草丰美、森林茂密，是清朝皇家猎苑木兰围场的重要组成部分。在短暂享受了皇家待遇之后，这里便随着清王朝的没落而沦为匪徒的窝点。

繁茂的水草和丰富的物种经历了清朝的放垦、侵略者的掠夺、百姓的砍伐……已所剩无几。到1962年塞罕坝机械林场建立时，仅剩30多万亩天然次生林，曾经的原始森林几乎荡然无存。

但是今天，当我们来到塞罕坝，目之所及是浩瀚林海。如果不去揭开历史的面纱，没有人能想象它经历过多么残酷的破坏，也没有人能想象它创造了怎样伟大的新生！

塞罕坝风光　　孙阁 / 摄

说起塞罕坝，有人说它是“一片林到一片海”，有人说它是“世界最大的人工林”。有人关注的是自然风光，有人描绘的是满蒙风情，有人感受的是清新舒爽……但我想给大家讲讲塞罕坝这部不朽的生态创业史诗！

塞罕坝之美，美在自然风光

在位于内蒙古高原南缘的河北省最北部，有一处集中连片的百万亩人工林海，因其独特的生态价值、社会效益备受各界人士的关注，被称为京津地区的“风沙屏障、水源卫士”、华

建场前的荒原　　怀凤鸣 / 摄

如今的地球卫士——塞罕坝　　孙阁 / 摄

北地区的“绿宝石”。这里就是被人们誉为绿色明珠的河北省塞罕坝机械林场。

中国文化宣传战线中有一支重要的生力军——摄影师。有人做过一项统计，在这个用镜头和光影诠释人间万象的特殊群体中，听说过、到过、拍摄过塞罕坝的十有六七。塞罕坝使一批摄影人“拍”成了摄影家，摄影家也将塞罕坝的美带给了所有人。

陈立友就是其中之一。陈立友从河北省政府原常务副省长职位上退下来之后便开始拿起相机关注自然生态。他曾多次到坝上拍摄照片，一次次采访塞罕坝，亲笔写下了《有个塞罕坝真好》。这篇文章作为最初的文字脚本被中央电视台引用拍摄成专题纪录片，也成为我国最早全面介绍塞罕坝林场基础数据和资源本底的系统宣传文章。

陈老用摄影家的眼光评价了今天的林场：“这里是华北地区最具特色的生态旅游区。浩瀚林海，无边草原，清澈溪流，遍野鲜花，珍稀禽兽，蓝天白云，浓郁的满蒙民族风情，构成了独特的自然和人文景观，夏季旅游、度假、避暑，观云海、日出、彩虹、落日余晖，秋季摄影、写生，赏白桦、红叶，冬季狩猎、滑雪，看雾凇、冰花，四季风景如画。”

塞罕坝到底给地球带来了什么？

林场给出了最新的林草数据：塞罕坝林场总经营面积140万亩，森林覆盖率82%。林场有林地面积由建场前的24万亩增加到现在的115.1万亩，林木蓄积量由建场前的33万立方米增加到现在的1012万立方米。据粗略统计，1962年至1984年，塞罕坝林场共造林100万亩，总计4.8亿余株，按株距1米计算，可绕地球12圈。

塞罕坝百万亩森林有效阻滞了浑善达克沙地南侵，每年涵养水源2.84亿立方米，固定二氧化碳86.03万吨，释放氧气59.84万吨；与建场初期相比，塞罕坝无霜期由52天增加至64天，年均大风日数由83天减少到53天，年均降水量由不足410毫米增加到479毫米；塞罕坝良好的生态环境和丰富的物种资源，使其成为珍贵、天然的动植物物种基因库。据有关部门核算评估，塞罕坝林场森林资产总价值达到231.2亿元，每年通过提供就业、产业带动助推周边区域实现社会总收入6亿多元。

塞罕坝机械林场的森林具有巨大的生产及生态服务价值。这些科学数据对于不了解塞罕坝的人来说是生涩而枯燥的。然而对到过塞罕坝的人来说，当直观地目睹了这里集中连片的百万亩人工林海，尽享蓝天白云掩映下的森林、草原、沼泽、湖泊的美景时，一切数据都会和由衷的赞叹产生共鸣。

塞罕坝之美，美在精神内涵

来塞罕坝的人一定要去塞罕坝展览馆看看。这里记录了塞罕坝的过去、现在，也将记录它的未来。这里永不停歇地吟诵着这首史诗的起伏。

“一棵松”“马蹄坑誓师会战”“王尚海纪念林”“六女上坝”……

让镜头回放历史。

1962年，369名平均年龄不足24岁、来自全国18个省份的创业者从四面八方奔赴塞罕坝，在白雪皑皑的荒原上，拉开了创业的序幕。他们啃窝头、喝雪水、住窝棚、睡马架，在“一日三餐有味无味无所谓，爬冰卧雪冷乎冻乎不在乎”这种以苦为荣、以苦为乐的乐观主义精神鼓舞下开始了塞罕坝的故事。

1962年，林场开始造林，当年春季造林近千亩，但成活率不到5%；1963年春季再次造林1240亩，可是秋季调查时成活率不到8%。

连续造林的失败，一度冷却了年轻人火热的激情，冰冻了他们的欢声笑语，林场骤然刮起了“下马风”。

党委书记王尚海，为了稳定军心，毅然把年过古稀的老父亲和妻儿从承德市搬到坝上，住在狭小的房子里，生活异常艰难。在这样的条件下，他还动员妻子姚秀娥补贴那些城里来的女青年，做职工家属的思想工作。

场长刘文仕，也举家搬迁到坝上，为查找机械造林失败的原因，他带领机务人员顶风冒雪，忍饥受冻，踏查地块，反复试验改进机械。

主管技术的副场长张启恩带领技术人员废寝忘食、夜以继日，一块地一块地地调查，一株苗一株苗地分析，一个细节一

创业者一边植树一边种粮　　怀凤鸣／摄

创业者住过的房子　　怀凤鸣／摄

当年机械造林现场　　怀凤鸣／摄

当年马蹄坑机械造林幼林地　　怀凤鸣／摄

个细节地推敲，终于找出了造林失败的原因。

1964年春天的机械造林大会战，为按时完成任务，上至书记、场长，下到普通工人全部到造林一线。领导每人带一个机组，一台拖拉机挂三个植苗机，每个植苗机上坐两名投苗员。坝上的春天还是零下五六摄氏度，植苗机在高低不平的山地上来回颠簸，取苗箱里的泥水不断溅到身上，一会儿就结成了冰粒，风刮起的沙尘和泥水溅在脸上，一个个人就像刚从泥坑里爬出来似的，根本分不清模样。

饿了拿起冰冷的窝头和着泥水啃，渴了就喝雪水、沟塘水。大家拼命地干，在零下五六摄氏度的气温下，好多工人挥汗如雨，大家喊着叫着，都憋着一股劲儿，一定要把树种活，一定要把林场办下去。

“马蹄坑誓师会战”这一场战斗写进了塞罕坝的造林史，大干三天，机械造林516亩，最终树苗放叶率达到96.6%，开创了国内机械种植针叶林的先河，一举平息了“下马风”。

到1982年，塞罕坝林场成功在荒原沙地上造林96万亩，为京津筑起了一道绿色生态屏障。

塞罕坝第一代和第二代建设者在提及过去的岁月时，没有纠结于条件艰苦，而是诉说着塞罕坝“先治坡、后治窝”的历史背影，听他们说“会战马蹄坑”的辉煌，听他们说住地窨子、吃刀砍冻土豆、雪水和炒面的“甜蜜”往事，他们没有一丝一毫的抱怨，满是怀念和留恋。

塞罕坝，天然大氧吧

孙阁 / 摄

到了20世纪80年代中后期，林子长起来了，防火成了林场工作的主要内容，于是塞罕坝上又多了一个更加艰苦的工种，就是护林员。作为护林员，最具挑战性的是到远离人烟的望火楼上工作，一天两天很新鲜，但要坚守五年、十年，谈何容易？

“老三届”的高中毕业生陈锐军就是他们之中一位忠诚的绿色卫士。他于1976年分配到林场工作，工作职责是守卫塞罕坝海拔最高的大光顶子望火楼，这个地方海拔1940米，在这里他一守就是12年。

他把妻子也接到望火楼上安了家。这里离总场场部40千米，他们经常见不着人，就连养的一条狗见了生人都分外亲。一家人吃的盐和菜都要靠熟识的过路司机给捎到路边，他到山下取。每天吃的是主食配咸菜。夏天吃水要到七里外的山下小河里去挑沟塘水，冬天大雪封山就喝雪水。他们的儿子从出生到六岁，都生活在望火楼上，由于营养不良，两岁多了还没出乳牙，三四岁仅会叫爸爸、妈妈……这难耐的寂寞是常人难以想象的。

护林员为了准确观察火情，按规定防火期内望火楼里不能点灯，他们就这样默默地守着黑暗数星星。昼夜重复着瞭望、记录、巡查、报平安。孤独无情地吞噬着陈锐军的青春，但他却用生命之光照亮了绿色的希望。

12年，4000多天，一部电话、一副望远镜、一个记录

过去的望火楼，今天的观景台　　孙阁/摄

本……就是他日常工作的全部家当。传递信息的电话成了他最好的“朋友”。社会上的事，对他来说似乎没有意义，能牵动他的只有瞭望火情的望远镜和这座“夫妻望火楼”。

林场的9座望火楼中，有8座都是夫妻共同坚守。60年来，共有20多对夫妻守候在望火楼。60年来，940平方千米的塞罕坝林场没有发生过一起森林火灾。

今天的人们习惯了把望火楼叫成“望海楼”，守望的林子长成万顷林海何尝不是每一位护林员的美好愿望。

塞罕坝之美，美在开拓创新

从造林工具的改革到机械造林的成功，从一粒种子到壮苗上山，从机械造林到造林攻艰，从一棵幼苗到万顷林海，无不凝聚着塞罕坝科技人员的汗水和智慧。

坝上地区高寒，年平均气温极低，加上降水量少得可怜，一年的无霜期不足两个月，很多植物在坝上根本无法成活，就是长出了嫩芽也会被突然的一夜寒风冻死。

坝上造林种什么？让树苗活下来是困扰塞罕坝人最大的技术难题。

建场之初，开展大面积造林，种苗是关键。最初的造林失败，不是树苗在塞罕坝活不了，也不是造林技术存在问题，主要是外调苗木在途中时间过长，运到塞罕坝已处于濒死状态了；塞罕坝风大天干，异常寒冷，外地苗木适应不了塞罕坝的气候。

外购苗木不能适应坝上的特殊气候条件，必须就地培育。当时，在高寒地区育苗，国内尚无成功的技术和经验。张启恩副场长作为坝上的科技元勋，在攻关机械造林成功之后，他又组织技术人员，反复探索，大胆实验。

无数个昼夜，他们潜心研究，多次试验，从种子储藏、播种、防止虫害和立枯病到给幼苗浇水、间苗等技术管理环节，摸索出了一整套的成功经验。功夫不负有心人，他们攻克了属地育苗这一关，探索出了全光育苗技术。通过严格控制播种覆土厚度、土壤湿度，改低床为高床，“全光育苗”填补了我国当时高寒地区育苗技术的空白。

后来升任河北省林业厅厅长的李兴源在担任林场苗圃技术员期间，苦心钻研，反复摸索，引进樟子松种子，用雪藏种子育苗法，农家肥做底肥，成功培育出了樟子松壮苗，从此樟子松在坝上落地生根，解决了沙地、石质阳坡造林绿化树种问题，今天国内同类地区依然在效仿学习这一方法。

高寒地区育苗的成功，使苗圃面积不断扩大，亩产数量不断增加，不但为保质保量地完成建场规划的造林设计任务打下了良好的基础，还向社会提供了大量的优质苗木。

青年技术骨干曹国刚，半辈子心血花在把油松引种塞罕坝这件事上，目的是调整树种结构，减少病虫害。曹国刚有严重的肺心病，到了病发后期呼吸困难，心肺衰竭。一发病说不出来话就用笔写，写经验、写教训、写技术要领。

荒地造林难，沙地造林难上难。王文录带领第二代技术人员，反复试验，创新了沙棘带状密植、柳条筐客土造林等一系列新方法。这些贴着塞罕坝人汗水与心血标签的特有治沙造林法，没有多么高深莫测的理论，却能让树活下来，长成材。

当人工林进入主伐期的时候，迹地更新造林的难题又摆在了新一代技术人员面前。技术员们又摸索出了“十行双株造林”“干插缝造林”等造林新办法。

林场的工人们每一个都是造林的行家，他们对天然林采取了去小留大、去弯留直、间密留匀、伐除病腐木等措施，提高了天然林的林分质量，加速了林木的生长。

到1982年，塞罕坝林场成功在荒原沙地上造林96万亩，为京津筑起了一道绿色生态屏障。自1983年以来，林场进入了营造、管护相结合的新阶段，以营林为基础，科研和生产紧密结合，不断探索科学新方法。

随着人工林面积的不断扩大，有害生物防治成为摆在塞罕坝林场面前的又一重要科研课题。林场的技术人员在加大病虫害的监测防控力度、做好监测工作的同时，采用喷烟防治、喷雾防治、飞机防治、物理防治、天敌防治、毒饵诱杀等进行有害生物的防治。因虫施策，根据有害生物种类，采用不同招法。突出了科学方法，达到不伤害天敌、促进林分健康生长的经营目标。

技术不断革新，防治理念也在不断进步。林场森防站站长国志锋告诉笔者，“我们在防治病虫害的同时，更加注重生态环境保护。我们强化自控机制、生态平衡。只要能够实现森林自控的，就不人为干预；只要能够小范围控制的，绝不扩大防治面积；只要能利用生物天敌防治的，就不使用化学药剂，目的就是将环境污染降到最低，最大限度保护非防控对象。”

建场60年来，由于病虫害防治及时有效，林区生态系统基本控制在相对稳定的状态。据估算，如果没有毕华明、国志锋等“森林医生”的精心呵护，塞罕坝因林业有害生物危害造成

世界最大的成方连片的人工林　　孙阁／摄

塞罕坝攻艰造林基地

的直接经济损失，每年将近5000万元。

然而塞罕坝并没有满足现状。2011年，林场自筹资金近千万元在以前从未涉足过的土壤贫瘠、岩石裸露的石质山坡上实施了攻坚造林工程。采取大坑套小坑、使用大规格容器苗的方式，配合使用客土、浇水、覆土防风、覆膜保水等措施，最终10.2万亩石质山坡全部实现绿化。时任林业科副科长的范冬冬说“为什么叫攻坚造林？是因为之前树苗容易活的地方都种上树了，攻坚对象都是难度大、土层薄、坡度陡的‘硬骨头’。有的地方土壤只有四五厘米厚，扒拉开一看，下面全是

孙阁／摄

石头。”坡陡地滑，机械无法上山，全靠人来刨坑，一镐刨下去，震得虎口生疼，叮叮当当凿不了多一会儿，双手就得起血泡。

坡面直栽难度过大，范冬冬和同事们讨论后，决定换种办法——苗圃育苗成功后，再移植上山。“苗木选择可有讲究了，要选‘矮胖子、大胡子’，也就是苗木敦实、根系发达的，这样更容易成活。”范冬冬说。苗木运输时，要打包好，不能重压、日晒，还要保湿、透气。运苗也是一道大难题，只能靠骡子驮、靠人背。一株打包好的樟子松苗浇足水后，足有七八斤重，坡陡地滑，骡子扑扑腾腾爬两步，就累得呼哧带喘。骡子上不去的地方，就靠人背。

目前，林场森林面积115.1万亩，森林覆盖率82%，活立木蓄积量1036.8万立方米，单位面积林木蓄积量是全国人工林平均水平的2.76倍。每年涵养水源2.84亿立方米，固定二氧化碳86.03万吨，释放氧气59.84万吨，森林资产总价值231.2亿元，每年提供的生态系统服务价值达155.9亿元。

塞罕坝以一年一大步的速度在变化。与建场初期比，年均无霜期增加14天，在华北地区降水量普遍减少的情况下，当地降水量反而增加100多毫米，大风日数减少28天。塞罕坝成为华北地区面积最大的国家级森林公园，被赞誉为“河的源头、云的故乡、花的世界、林的海洋、摄影家的天堂”。

60年来，三代塞罕坝人在这片荒原上建成了百万亩林海，从“一棵树”到世界最大的人工林海，每棵树的年轮都见证了塞罕坝的成长，写满了塞罕坝人的创业故事，记载着生态建设的进程。

2017年8月14日，习近平总书记对塞罕坝林场建设者感人事迹作出重要指示：55年来，河北塞罕坝林场的建设者们听从党的召唤，在“黄沙遮天日，飞鸟无栖树”的荒漠沙地上艰苦奋斗、甘于奉献，创造了荒原变林海的人间奇迹，用实际行动诠释了“绿水青山就是金山银山”的理念，铸就了牢记使命、艰苦创业、绿色发展的塞罕坝精神。他们的事迹感人至深，是推进生态文明建设的一个生动范例。

2017年12月，联合国环境署授予塞罕坝林场建设者“地球卫士”荣誉称号。

2021年9月29日，在内蒙古自治区鄂尔多斯市召开的第八届库布其国际沙漠论坛上，塞罕坝机械林场荣获联合国防治荒漠化领域最高荣誉——土地生命奖。

塞罕坝人认识到：今天取得的成就，不仅仅是塞罕坝几代人无私奉献、艰苦创业结出的累累硕果；更是牢记使命、尊重规律、改造自然的伟大实践。正是这一代又一代务林人，在塞罕坝这片美丽的土地上躬身实践，接力传承，共同创造了塞罕坝今日的辉煌。

文 ◎ 孙旭扬

有一种精神叫“右玉”

——记“全国治沙先进单位”山西省右玉县

六月的右玉，满目苍翠，生机盎然。

站在南山森林公园的山顶，映入眼帘的是一望无际的绿色海洋。“南山公园总共6万多亩，每年植树季节，全县干部群众都要在这里集中开展植树活动，经过几十年的不懈努力，这里成了右玉名副其实的后花园。”随行的右玉县林业局局长刘占彪告诉记者。

然而，70多年前的右玉与现在相比可以说是天上地下，风沙危害一直困扰着这个边塞小城。

困　扰

新中国成立前，地处毛乌素沙漠边缘的右玉，全县仅有残次林8000亩，森林覆盖率不足0.3%，年降水量不足400毫米，土地沙化面积达76%，是国家级贫困县。生态环境恶化，自然

苍翠的南山森林公园　　景慎好 / 摄

灾害频发，“十山九秃头，黄沙遍地流，十里不见人，百里不见树”是当时的真实写照。

“右玉要想富，就得风沙住；要想风沙住，就得多栽树；要想家家富，每人十棵树。”“人要在右玉生存，树就要在右玉扎根。”新中国成立以来，右玉历届县委、县政府一任接着一任干，一张蓝图绘到底，每年春秋两季，各级领导干部主动带头义务植树，挑最困难的地方栽、选最贫瘠的地方种，这一传统传承了70多年，有力地促进了全县林草高质量发展步伐。

70多年的沐风栉雨，右玉人民始终如一地沿着生态文明建设的路子走到今天。

70多年的砥砺奋进，右玉人民终于换来了今天的“绿水青山就是金山银山”。

蜕　变

右玉县地处晋蒙交界处，国土面积1969平方千米，11.6万人，288个行政村。境内四周环山，南高北低，苍头河纵贯南北，平均海拔1400米，全县山地丘陵面积达89.6%。右玉距离毛乌素沙漠不足100千米，处于“三北”地区长城沿线潜在沙漠化地带，自古以来便是农耕文明和草原文明交汇地带，和平时期是晋商旅蒙的重要通道，战乱时代是兵家必争之地。

连年战火破坏了这里的自然生态，独特的地理位置加剧了生态的恶化。当时，有国际环境专家将右玉列入“最不适宜人类生存的地区”，建议右玉举县搬迁。

新中国成立后，右玉走上了植树造林、改善生态环境的绿色发展之路，这一走就是70多年。

70多年来，右玉历任县委、县政府领导班子，始终坚持为人民谋利益的政绩观，团结带领全县干部群众，发扬钉钉子精神，咬定青山不放松，一张蓝图绘到底，把曾经的“不毛之地”变成如今的“塞上绿洲”，全县林木绿化率由0.26%提升到了57%，创

昔日右玉风沙成患

造林所挖的鱼鳞坑

洪水泛滥的苍头河

新中国成立初期右玉县右卫古城北城墙外黄沙侵袭　　右玉县林业局／供图

造了黄土高原上的生态奇迹。在造林绿化过程中，孕育形成了宝贵的“右玉精神”。从沙进人退到绿染山川的沧桑巨变，就是一部共产党人带领人民群众艰苦创业、感动天地的奋斗史。那么，这个持续了70多年的蓝图究竟是如何形成的?

蓝图的初绘

右玉蓝图的初绘根本目的很朴素，就是让老百姓在这里活下来，过上好日子。

右玉绿化工程

1949年6月，35岁的张荣怀奉命担任新中国成立后右玉县委第一任书记。上任伊始刚立夏，正是右玉一年中风沙最大的季节。一场狂烈的风沙，让张荣怀意识到自己的责任：在恶劣的自然环境和贫穷落后的条件下，右玉人民首先要吃饱肚子、活下来。这是一个县委书记必须解决的难题。于是，张荣怀带领县委、县政府一班人开始了对右玉全境的徒步考察。前后半年多的时间，他走遍了全县大大小小300多个村庄、上千道沟梁河汊。

景慎好 / 摄

右玉城郊森林建设　　景慎好 / 摄

右玉县通道绿化工程　　冯晓光 / 摄

1949年10月24日，在当时的右卫城天主教教堂召开了县委工作会议。会上，张荣怀提出了改变右玉面貌的崭新思路：“右玉要想富，就得风沙住；要想风沙住，就得多栽树。”只有大力种树种草，恢复植被，庄稼才有条件生长，吃粮问题才能从根本上得到解决。这个思路，得到了全县干部和群众的广泛认同，形成了影响右玉70多年的战略蓝图。

70多年的实践证明，这条道路符合右玉实际，是一条科学的发展之路。“右玉要想富，就得风沙住；要想风沙住，就得多栽树”，这几句朴实的口号，改变了右玉人民的命运，改变了右玉发展的历史进程。这个口号在右玉至今都在流传，影响了几代右玉人，影响了右玉后来的历任县委书记和县长，孕育形成了宝贵的“右玉精神”。

蓝图的攻坚

在右玉造林史上，三战黄沙洼是关键的历史阶段，也是右玉蓝图攻坚的关键节点。黄沙洼地处马营河和苍头河交汇的三角地带，是一个长20千米、宽4千米的大风口，当地老百姓称此处为“吃了人烟吃山丘”的“大狼嘴”。沙丘每年以十几米的速度向东南延伸，直至把右玉县城三丈六尺高的北城墙几乎掩埋。

1956年，年仅29岁的马禄元担任右玉县第四任县委书记。在徒步考察右玉全境后，他认识到，右玉前几任书记找到的那条路没有错，坚持种树，治理风沙，改变生存环境，是右玉唯

右玉秋色

一的出路。在县委植树造林誓师大会上，马禄元书记对大家说："右玉严重的水土流失，流掉的不仅仅是地表的泥土和水分，更是农民的粮食和血汗。一年比一年严重的风沙旱灾，已对右玉百姓的生存构成了极大的威胁。要想摆脱这种困境，靠天不行，靠地也不行，只能靠我们自己。但是，我们要记住，植树治沙是一场持久战，绝非一朝一夕可以成功。我们要有充分的思想准备，要树立吃大苦、耐大劳的精神，坚持奋斗30年、50年！现在我们要做的是，脚踏实地，一棵一棵地去植树，一道梁一道梁地去绿化。"

冯晓光／摄

从第一次栽植的9万多棵树苗几乎全军覆没到采用“穿靴、戴帽、扎腰带、贴封条”这些土洋结合的造林方法。

经过巧干、苦干、实干整整3年，黄沙洼终于迎来了盎然生机，“黄风变清风，起风不起尘”，渐渐地黄沙洼上的1.5万亩杨树林，形成了一道绿色屏障，保护着右卫古城，千百年来流动的沙丘终于被制服了。

蓝图的坚守

右玉坚持不懈造林治沙，经过了困难时期的考验，遭受了动荡的洗礼，顶住了改革开放初期“有水快流”的诱惑，做到了“飞鸽牌的干部，要干永久牌的事”。面对不同时期的考验，右玉坚守住了绿色发展的蓝图。1975年11月，第11任县委书记常禄上任。他是右玉历任县委书记任期最长的，也是植树最多的书记。他常对干部们说：“前几年植树把容易成活的地植了，那叫吃肉，现在肉吃完了，就剩下骨头了，啃骨头，就得下硬功夫！”

在右玉任职8年，他认准一个理，那就是从右玉的实际情况出发，从人民群众的利益出发，实事求是地解决人民群众最需要解决的问题，干人民群众最想干的事。在实际工作中，他始终遵循“实干”两个字，不搞形式主义，认真做好每一件事，把每一项工作落到实处。在右玉奋斗的8年间，右玉县整整种了70多万亩的树。到1983年离任时，全县人工造林面积达到110.75万亩，全县林木绿化率达到37.5%。右玉提前完成了“三北”防护林建设第一期工程规划任务，成为山西省第一个完成宜林荒山造林的县。

蓝图的丰富

1983年9月，第12任县委书记袁浩基任职时，右玉经过30多年的造林治沙，生态环境明显改善，已经成为闻名全国的“塞上绿洲”。但右玉经济依然落后，人民仍然贫穷，各项事业发展滞后。面对“绿化已到顶”“种树已成功”“植树影响经济”的声音，如何跑好植树造林、改善右玉生态环境的“接力棒”，如何改变人民群众的贫困生活，带领右玉人民走上富裕之路，成为袁浩基书记面临的首要难题。

面对部分干部群众甚至部分班子成员要求调整工作思路，减缓绿化投入，优先集中人力、物力开矿，先把经济发展起来的想法。袁浩基的信念却十分坚定，他认为“植树在右玉已是一个不能动摇的方向，不能选择停止植树的脚步而去单纯追求短期的经济利益”。他说：“前面有榜样，后面有群众，没有绿色就没有右玉的发展。在右玉，绿色不进，风沙就进，不植树就是千古罪人，还当什么书记？”为此，袁浩基与县委一班人认真提出了右玉建设“绿色宝库”的指导思想：乔灌草三个层次一起上，生态经济社会三个效益一起抓，走多林种、多树种、多草种、高效益的大林业县的路子。

从1983年到1989年的6年多时间里，袁浩基和县委政府一班人带领全县人民一张铁锹两只手，自力更生绘新图，觉悟加义务，政策加技术，营造大片林13万亩，零星植树553.5万株，全县人工造林面积达到124万亩，林木绿化率达到42%。在20世纪80年代，右玉开始成功种植油松、樟子松和落叶松，大面积发展苗圃，推广种植“三松”，做到了“适地适树合理栽，再把三松引进来”，全县林业综合效益明显提高。在右玉干部学院的一次报告会上，袁浩基深情地说：“组织让我去右玉当县委书记，我当时就想，我不仅要让右玉有林子，还要让林子长票子。那个时候我是横下一条心，接好前任的绿色接力棒。”

蓝图的升级

斗转星移，进入21世纪，右玉县风沙基本得到治理，已经变成“塞上绿洲”，群众温饱问题得到解决，如何更好地发展成为面临的主要问题。面对这个问题，第17任县委书记赵向东和县委政府达成这样的共识：生态建设是右玉的立县之本、强县之基，是右玉最大的当家本钱，必须抓紧抓牢；“贫穷守不住绿色”，“绿”和“富”不是对立的，人与自然要和谐共生。秉持这一思想，党政班子确立了“建设富而美新右玉”的奋斗目标，提出了建设新型煤电能源、绿色生态畜牧、特色生态旅游“三大基地”，逐步走出一条生态与畜牧联姻、生态与旅游联动、增绿与增收共赢的可持续绿色发展之路。

2016年以来，在“绿水青山就是金山银山”理念指引下，右玉县委、县政府牢牢把握山西省委、省政府支持右玉加快绿色发展的重大机遇，围绕“提升绿水青山品质、共享金山银山成果”主题主线，大力实施脱贫攻坚和旅游兴县“两大战略”，加快生态优势向经济优势、发展优势的转化步伐，努力走出一条北方生态脆弱地区和贫困落后地区绿色发展的新路子，全力打造全国“两山”理念示范区、全域旅游发展样板区、乡村振兴先行区，加快建设环境好、产业优、人民富的美丽右玉。

右玉塞外风光　　景慎好／摄

右玉湿地公园　　景慎好／摄

截至目前，右玉县全县累计造林168.62万亩，林木绿化率升至57%，草原综合植被盖度达67%，城市建成区绿地率43.7%，沙尘暴天数减少了80%，地表径流和河水含沙量比造林前减少60%，每年环境空气质量优良天数更是达到322天，实现了新时代“绿水青山秀塞外，金山银山富起来”的目标。

福　祉

如今的右玉，人民幸福、社会和谐。右玉先后荣获了国家4A级旅游景区、美丽中国示范县、联合国最佳宜居生态县、三北防护林建设先进县、三北防护林工程建设突出贡献单位、全国治沙先进单位、全国绿化模范县、全国绿化先进集体、国土绿化突出贡献单位、关注森林活动20周年突出贡献单位、“绿水青山就是金山银山”实践创新基地和国家生态文明建设示范县、全国防沙治沙综合示范区等国家级荣誉。这些荣誉如同右玉人自己存下的一张张“绿色”存折，良好的生态经济效益将在未来的岁月中逐渐显现。可以说，右玉现在的绿，是体现着人文精神的绿；是70多年来全县干部群众坚持不懈搞绿化的成果；是一任接着一任干，一张蓝图绘到底，咬定绿化不放松的成果。

2017年12月，习近平总书记在中央经济工作会议上指出：“从塞罕坝林场、右玉沙地造林、延安退耕还林、阿克苏荒漠绿化这些案例来看，只要朝着正确方向，一年接着一年干，一代接着一代干，生态系统是可以修复的。”

2020年5月，习近平总书记在山西考察时强调，要牢固树立“绿水青山就是金山银山”的理念，发扬“右玉精神”，统筹推进山水林田湖草系统治理，抓好“两山七河一流域”生态修复治理，扎实实施黄河流域生态保护和高质量发展国家战略，加快制度创新，强化制度执行，引导形成绿色生产生活方式，坚决打赢污染防治攻坚战，推动山西沿黄地区在保护中开发、开发中保护。

70多年的迎难而上、久久为功，右玉人民创造了黄土高原上的生态奇迹，赢得了习近平总书记的高度赞誉。

立足新时代，右玉人民将深入贯彻落实习近平生态文明思想，牢记习近平总书记嘱托，不忘初心、牢记使命，在促进生态文明、振兴乡村战略、积极营造绿水青山的良好环境中，在全面建成小康社会的新征程中再谱绿色发展的时代篇章，赋予右玉精神新的时代内涵。

文 ◎ 景慎好

甘肃八步沙林场
防沙治沙辟蹊径

我国是世界上荒漠化、沙化面积最大的国家。全国荒漠化土地总面积261.16万平方千米，占国土总面积的27.2%，其中，沙化土地面积172.12万平方千米，占荒漠化土地面积的65.9%。甘肃是我国西北地区重要的生态屏障，在保障国家生态安全中具有重要的地位和作用。干旱缺水、风沙危害是制约西北干旱沙区经济社会可持续发展的最大障碍。

古浪县是全国荒漠化重点监测县之一，境内沙漠化土地面积达239.8万亩，风沙线长达132千米，由于常年盛行西北风，北部沙漠成为偏西及西北路径沙尘暴的主要发源地和加强区，生态环境极其脆弱。

八步沙林场所处的地区，蒸发量高达2000毫米以上，降水量不到200毫米。但是，八步沙集体林场在不毛之地上，利用抗旱造林技术和封育管护措施，经过近40年的艰苦奋斗，在沙漠前沿建立起一道绿色屏障，创出了一条沙漠的成功之路，用

八步沙林场　　郭万刚／摄

事实证明了沙漠变绿洲可以成为现实。在西北干旱荒漠区具有普遍的示范意义。

沙漠筑绿梦

八步沙，位于腾格里沙漠南缘，古浪县县城东北30千米处、距离土门镇3千米。这里曾经黄沙蔓延，狂风肆虐，植被稀疏，一片凄凉。风沙严重侵蚀着周围村庄和农田，威胁着周边铁路、公路的畅通，影响着当地3万多名群众的生产生活。

治理中的北部沙区　　郭万刚 / 摄

初见成效的北部沙区　　郭万刚 / 摄

20世纪70年代初的土门镇，与八步沙隔水相望的新墩岭在沙地上开启了一场绿色保卫战。干旱的沙地里长出了树，这给了处于风沙困境的土门镇人一个绿色的希望。于是八步沙地区也开始了漫长的治沙筑绿梦。

1981年的春天，土门镇农民郭朝明、石满、贺发林、张润源、程海不甘心将世代生活的家园拱手相让，在勉强能填饱肚子的情况下，以联户承包的方式，组建了集体林场，义无反顾地进驻狂风肆虐、黄沙漫漫的大沙漠。这也是最初的古浪县八步沙集体林场的规模。六老汉彼时都已年过半百，但保护家园的朴素情怀和共同的信念把他们联系在一起，从此踏上了植树造林、改善家乡生态，携手向荒漠发起进攻的漫漫征程。近四十年来，六老汉和他们的后代，一代接着一代干，一直没有停下治沙造林的脚步。

鏖战八步沙

亘古荒漠的风，裹挟着沙粒，肆无忌惮地刮了千年、万年，毫无遮拦地堆积出一个叫八步沙的地方。一百亩、一千亩、一万亩、七万五千亩，从八步见方到出门八步就是沙。风，无情地吞噬着家园。还有一种说法，这里的沙子又细又软，人踩上去，脚就陷到沙里了，只能一步一挪地艰难“跋涉”，所以也叫“跋步沙”。

群众压沙　　八步沙林场 / 供图

由于气候干旱和过度开荒放牧，到20世纪60—70年代，这里已是寸草不生、黄沙漫地。沙丘以每年7.5米的速度向南移动，严重侵害着周边10多个村庄和2万多亩良田，给当地3万多名群众的生产生活以及过境公路铁路造成巨大危害。面对步步紧逼的沙丘，一些人上新疆、去宁夏、走内蒙，开始逃离家乡。风沙危害、干旱缺水成为制约经济社会可持续发展的最大障碍和当地人民的心腹之患。

活人不能叫沙子欺负死。面对极其艰苦的条件和极其严酷的环境，六老汉卷起铺盖住进沙漠里，三块石头支起锅，开水泡馍当饭吃。大风一起，沙子刮到锅碗里，吃到嘴里把牙硌得吱吱响。毛驴车拉，担子挑，铁锨挖，用手刮，以最原始的方法，最朴素的理由，踏上了与沙漠顽强抗争的漫漫征程，在一望无际的沙丘上安营扎寨，对危害家乡土地的沙漠发起攻坚战。

1981年秋季第一年治沙的时候，治了1万亩，成活率期初能达到70%，被风沙一打，30%都不到了。“一夜北风沙骑墙，早上起来驴上房”。

最初，他们栽植的小树苗，大风一刮，就被吹得东倒西歪，有的被连根拔起，经过几场风，有的地方，栽植的树苗被风卷走，不见了踪影，作业现场，又恢复到造林前的模样。第二年他们发现草墩子旁边的树成活得就好，这让他们兴奋不已，逐步摸索出了“一棵树一把草，压住沙子防风掏”这种在当地实战中最经济实用有效的治沙工程技术措施，造林成活率和保存率大幅度提高。

为了看护好他们辛辛苦苦种下的林子，最初他们挖了个地窝子，六老汉吃住都在沙地里，夏天闷热不透气，冬天冰冷墙结冰。在这样艰苦的环境下，六老汉把自己的余生全部交给了八步沙。凭着顽强的毅力，持之以恒的坚守，年复一年地栽植花棒、梭梭、沙枣、白榆、柠条等各种乡土抗旱树苗，日复一日地抚育管护、封沙禁牧，守护着来之不易的一片片绿色希望。

当初承包沙漠时第一个站出来的石满老人，直到生命的最后一刻还坚守在治沙一线。临终前，他给儿女们提的唯一要求，就是把自己埋在看得见八步沙林子的地方。贺发林老人守护林场时煤烟中毒，家里人劝他好好休息，可他一天也闲不下来，一门心思要去治沙。他说，我是个党员，说话得算数，身体有了点小毛病就打退堂鼓，那不是一个党员的做法！这就是八步沙人。在他们眼里，树比命还要金贵。六老汉中年龄最小的张润源，接替石满挑起了林场场长的重担，在他的带领下，“两代愚公”治沙不止，到2000年，经过近20年的不懈努力，在八步沙形成了一条南北长10千米、东西宽8千米的防风固沙绿色长廊，近10万亩农田得到保护。在2018年4月春季治沙造林的现场，面对中央电视台《焦点访谈》的记者时，张润源说：“这就是个苦力活，这就是得有耐心、有苦心、有坚持心。”正是这样一股知难而进、久久为功的韧劲儿，六老汉在最艰难的时候坚持过来了。八步沙一代接着一代干，战风沙，斗荒漠，在追求人与自然和谐发展的实践中，用汗水和心血谱写了一曲让沙漠披绿生金的时代壮歌。

这不仅仅是六个人的故事，也不仅仅是六个家庭的奋斗，更不仅仅是三代人的梦想，这是人类探寻生存之路的坚韧不屈，是对大自然考验的倾力应对！

省道308线在八步沙通过　　八步沙林场／供图

挺进腾格里

每家都要有一个子女留在八步沙。一句承诺，演绎成长达40年的治沙传奇。

接过父辈手中的责任和担当，沙二代、沙三代，用脚步丈量黑岗沙、大槽沙、漠迷沙、甘蒙界，用双手种下一株株绿色的未来。

面对父辈们的约定，第二代治沙人当年在“治”与“不治”间也曾经徘徊犹豫、艰难抉择。

郭万刚是第二代治沙人中年龄最大的，20世纪80年代末，只有30岁的郭万刚接替父亲进入林场时，还在古浪县供销社端着“铁饭碗”，并不甘心当“护林郎”，一度甚至盼着林场散伙，自己好去做生意。他曾埋怨父亲：“沙漠大得看都看不到头，你却要治理，以为自己是神仙啊！”然而，一场突如其来的黑风暴，彻底改变了郭万刚。

1993年5月5日17时，古浪县西北方向平地刮起“沙尘暴”，天地瞬间变得伸手不见五指。郭万刚当时正在林场巡沙，还没反应过来就被吹成了“滚地葫芦”，狂风掀起的沙子转眼将他埋在了下面。郭万刚死里逃生。第二天早上，一个消息传来：黑风暴致全县23人死亡，其中有不少小学生。郭万刚

治理后的黑岗沙　　郭万刚／摄

抱头痛哭，“因为风沙，我们连身边的娃娃都保护不了，沙必须接着治！”此后，他再也没有说过离开八步沙。

2000年，郭万刚被推举为林场第三任场长，在他的带领下，八步沙林场两代治沙人又主动请缨，向远离林场25千米，风沙危害最为严重的黑岗沙、大槽沙、漠迷沙三大风沙口进发。从2003年开始，他们连续在治沙现场搭建的窝棚中度过了十多个春秋，先后承包实施了国家重点生态功能区转移支付项目、沙化土地封禁保护区建设项目、省级防沙治沙项目、三北防护林等国家重点生态建设工程。完成治沙造林6.4万亩，封沙育林11.4万亩，栽植各类沙生苗木2000多万株，造林成活率达65%以上，林草植被覆盖度达到60%以上，治理区柠条、花棒、白榆等沙生植被郁郁葱葱。

1991年夏天，常年劳作在沙漠中的贺发林病倒了，他对儿子贺中强说：“我怕是不中了，但是治沙的事还得干下去。我没有给你留下什么，就那一摊子树，你好好看去吧。”临终前，躺在病床上的贺发林还想到八步沙去看看。贺中强套上毛驴车，拉着父亲来到八步沙。这时，梭梭、花棒已经开花。贺发林指着那片树林说：“干啥事都要费心用力，豁不出一头子是干不成事情的。你要好好把树种下去，要是树毁掉了，就是对不起我……”那一刻，抱着骨瘦如柴、病得不成样子的父亲，贺中强的泪水夺眶而出。那年冬天，贺发林走了。贺中强背着被褥，毫不犹豫地住进了八步沙。

八步沙林场成立至今，累计完成治沙造林21.7万亩，工程治沙4万亩（草方格），用草2万吨，封沙育林、草面积达到37.6万亩，完成通道绿化近200千米，农田林网300多亩，栽植各类沙生苗木4000多万株，花卉、风景苗木1000多万株，创造了林进沙退的治沙奇迹。

八步沙集体林场在创造了腾格里沙漠万亩林海的同时，造就的“六老汉精神”，成为新时代中国特色社会主义生态文明建设的强大精神财富。流传于当地的一首古浪老调，“当年风沙毁良田，腾格大漠无人烟。要好儿孙得栽树，谁将责任担两肩。六家老汉丰碑铸，三代愚公意志坚”就是“六老汉精神”的真实写照。

因地制宜，适合的才是最好的

八步沙的成功，还源于他们因地制宜，适地适树，综合治理的科学态度。在最初摸索出了“一棵树一把草，压住沙子防风掏”的治沙方法后，他们又逐步总结出了抢墒造林、落水栽植等实用治沙造林技术。在树种方面，选择花棒、梭梭、红柳等抗旱乡土树种，营造防风固沙林，还利用墒情好的时机，人工撒播沙蒿、沙米、柠条等种子，做到了乔、灌、草相结合，提高了沙漠治理成效。坚持宜压则压、宜造则造、宜封则封的原则，根据不同区域特点，不断探索适合不同立地条件下的治

八步沙林场场长郭万刚查看沙拐枣生长情况　　张文灿 / 摄

理模式。近年来，随着治沙投入能力和投资标准的提高，对流动沙丘采取“草方格沙障+人工造林”措施，治理成效进一步提升。对半固定沙丘采取“一棵树+一把草”措施，在天然植被较好的塘地，充分利用自然修复功能，以封沙育林为主、辅以人工促进更新等措施。对封育区全面封禁保护，采取“天然更新+人工促进”措施，做到了封、造、管并举。在通道绿化上，利用公路作为天然集雨场，结合人工拉水补浇，配置档次较高的风景绿化树种，提高了沙区道路景观效果。

改革创新，是引领林场发展的第一动力

郭玺，第三代治沙人代表、古浪县八步沙林场管护员，是“六老汉”中郭朝明的孙子、郭万刚的侄子。

治沙事业到了第三代人手中，正在发生着新的巨大变化。在防沙治沙、保护生态环境的同时，郭玺开始向沙漠要效益。肉苁蓉、沙漠溜达鸡就是其中的代表。同时，受益于八步沙的治理，黄花滩生态移民区自然环境也得到了很好的改善，目前已建成9个戈壁农业生产基地，有效带动了4600多户贫困户发展产业。

八步沙林场第三代治沙人郭玺说：“从过去的‘一步一叩首，一苗一瓢水’的土办法到打草方格、地膜覆盖、细水滴灌的科学治沙，治沙手段不断创新。这些年，我们八步沙林场也

在努力转型，从过去单纯治沙转而向沙漠要效益。林场利用各种绿化工程项目，带动近1000户周边农民脱贫致富。八步沙林场又开始探索将防沙治沙与产业富民、精准扶贫相结合，帮助贫困移民发展特色产业，仅劳务费发放金额就达到了300余万元／年，真正实现了生态治沙、经济脱贫的双赢。”

从小到大，从弱到强，从单纯的造林护林到沙产业开发建设，八步沙集体林场一直没有停止探索创新的步伐。在治沙经费严重不足的20世纪90年代，他们靠平茬花棒的收入，度过了举步维艰的经济困难。到1997年，他们自筹资金10万元、治沙贷款40万元，采取“出工记账、折价入股、按股受益”的办法新打了一眼机井，开发土地500亩，种植各类经济作物和培育造林绿化树苗，探索“以农促林、以副养林、以林治沙”的发展路子。

2009年引进市场机制，完善经营管理，成立了古浪县八步沙绿化有限责任公司。2018年，按照“公司+基地+农户”的模式，建立“按地入股、效益分红、规模化经营、产业化发展”的公司化林业产业经营机制，流转沙化严重的土地，在黄花滩移民点建立枸杞、红枣等经济林基地，通过梭梭接种肉苁蓉开发沙产业，积极探索绿色产业发展新途径。2020年，林场抢抓被命名为“两山”实践创新基地的机遇，积极配合甘肃省文旅集团启动建设实践创新基地项目，深度挖掘沙漠生态旅游资源，为林场长远发展注入了新的动力，增强了后劲。

绿染八步沙

郭万刚／摄

开启新征程

2019年8月21日，习近平总书记视察古浪后，武威市委将八步沙“六老汉”困难面前不低头、敢把沙漠变绿洲的当代愚公精神确定为新时代武威精神，古浪县八步沙林场被生态环境部授予第三批“绿水青山就是金山银山”实践创新基地称号，这也是甘肃省首个“绿水青山就是金山银山”实践创新基地。

古浪县认真贯彻习近平总书记“持续用力、久久为功，为建设美丽中国而奋斗”的重要指示，编制完成《古浪八步沙区域生态治理规划（2020—2025年）》，并报省政府审核批复，规划以八步沙林区为中心，沿腾格里沙漠南缘132千米的风沙线，5年内新增沙地生态植被修复105万亩，沙产业经济林面积0.13万亩，示范基地面积3.4万亩，八步沙区域林草植被覆盖度达到60%以上。目前，已完成规模化防沙治沙试点项目工程治沙6.67万亩，蚂蚁森林造林8.9万亩，亿利集团防沙治沙项目3万亩，全国及省级防沙治沙项目治沙造林0.9万亩，城区机关单位干部职工完成春秋季义务压沙1.89万亩，大众集团、共青团等社会各界捐助八步沙林场造林0.95万亩，修复退化林分10万亩。

八步沙治沙的成功经验和示范借鉴意义

古浪县八步沙林场三代人近四十年，一代接着一代干，战风沙，缚黄龙，在追求人与自然和谐发展的实践中，始终坚持“以生命价值为最高追求”的理念，以“治养一体”的理论实践，接续发展，不断超越，创造出了当代愚公移山的奇迹。八步沙林场“六老汉”三代人防沙治沙的感人事迹广为传颂，“困难面前不低头、敢把沙漠变绿洲”的当代愚公精神得到习近平总书记赞誉，历史厚重、内容丰富、精神伟大、成效显著，获得多项荣誉，具有鲜明的先进性、代表性、时代性。

习近平总书记视察甘肃时深刻指出，“建设生态文明，关系人民福祉，关乎民族未来”。多年来，以“六老汉”三代人为代表的甘肃各族干部群众，依托三北防护林等生态工程，以护卫家园、勇挑重任的担当，以不畏艰难、实干苦干的拼搏，以矢志坚守、接续奋斗的韧劲，艰苦奋斗、锐意进取，为生态环境治理和构筑西部生态安全屏障做出了重要贡献。

文 ◎ 古浪县林业和草原局

高寒草原保护修复，青海交出靓丽答卷

巍巍巴颜喀拉山脚下，广袤的草原褪去夏日的青色，呈现出初秋的黄绿相间色彩。

一位头戴毡帽、面容粗粝黝黑的藏族汉子，弯腰拔出一绺牧草，看看根系发育长度，放在鼻尖轻嗅。迈着瘸拐的步子，一边细数草原上鼠洞数量，一边盘算需要补种草籽的面积。他就是65岁的青海省果洛藏族自治州（以下简称果洛州）达日县草原站原站长罗日盖。

这位常年奔波在海拔4000多米的黄河之源、与草原打交道40年的“草原专家”边走边说：“那片土地曾是黑土滩，寸草不生，早些年，行走在草原上，时常会见到一片片牧草稀疏甚至寸草不生的黑色土地，这种就被称为‘黑土滩’，这种现象一旦出现，就表明这里的草场已身患疾病、正在严重退化。如果不及时治疗，黑土滩将会像传染病一样继续蔓延，危及周边草场。”

草原上的村落　　耿国彪／摄

草原是青海分布最广、面积最大的陆地生态系统，在青海乃至全国生态保护建设中具有举足轻重、不可替代的特殊地位，特别是在推进国家公园体制试点过程中，保护和建设好草原生态，其意义不言而喻。

围绕着穿境而过的黄河，达日县下大气力进行大保护、大治理，走出了一条生态保护和高质量发展的路子。

达日县属高寒、高海拔地区，草原生态系统极其脆弱，修复需一个长期而漫长的过程。在草原保护修复过程中，达日县投入的项目资金可以说是力度空前，目前已累计投入资金6.4亿元，相继实施三江源生态保护和建设（一期、二期）、退牧

罗日盖（右二）与牧民在交谈　　耿国彪／摄

草原牛群　　耿国彪／摄

还草、黑土滩综合治理、林业有害生物防控、草原有害生物防控、退化草原人工种草生态修复、湿地保护等工程。

“达日县草原生态治理项目、投资额度、治理规模等均走在全国涉藏地区各县前列，许多严重退化的草原重新披上了绿装，寸草不生的鼠荒地、黑土滩等治理成为优质的牧草地。”达日县委常委、吉迈镇党委书记才让尼玛说，治理效应逐步显现后，达日县全力推动牧草产业转型升级，积极构建“生态、产业、经济”发展新格局，走出了一条依靠绿色发展、振兴县域经济的产业道路。

达日县仅仅是整个青海省以及三江源地区草原生态系统功能稳步增强的一个缩影。

青海省林业和草原局党组书记、局长李晓南介绍，随着青海省统筹实施的三江源生态保护和建设（二期）、祁连山生态保护和建设综合治理、退牧还草、退化草原人工种草生态修复等重大工程扎实推进，“十三五”期间，青海共建成草原封育围栏3293.30万亩，补播改良918.17万亩，治理黑土滩型退化草地797.81万亩，治理沙化型退化草地83.07万亩，建设人工草地135.32万亩，全省草原综合植被盖度达到57.4%，比2011年提高了3.2个百分点，高于全国平均水平1.6个百分点，草原植被盖度保持稳定及趋于好转的草原面积占86.85%。青海全省草原退化趋势得到遏制，草原生态环境持续好转。

向“黑土滩”进军

“做草原保护工作，注定要比别人多跑路、多吃苦、多流汗。”每年种草的时节也是罗日盖最忙碌的时候，有时候到施工点下乡，一去就是一个多月甚至两个月。夏天几乎没有一个休息日，到了冬天罗日盖还要奔波在达日县的沟沟壑壑，哪里有黑土滩，哪里需要明年开春时种草，他心里都有一本账。

草原“黑土滩”是多种因素共同作用形成的草原灾害。“黑土滩”形成的过程是原生植被逐步消失，取而代之的是毒杂草群落。同时，草皮融冻剥离，盖度降低、土壤裸露，土壤

退化的草原　　耿国彪／摄

肥力不断降低，土壤养分丢失直至滋生盐渍化，土层变薄，退化为沙砾滩。

由于气候变化、过度放牧、水土流失、鼠害等多种原因，黑土滩和黑土坡越来越多。草原退化严重制约着草原生态畜牧业发展，直接影响着当地牧民的经济收入。

才华是达日县沙日纳村草原管护员，他告诉记者：“十多年前家里有200多头牛羊，一家人的生活全靠着放牧，但前些年草原退化严重，自己家的草场年年减少，最后不得不迁移到四川阿坝一带租赁当地的牧场放牧。”

对于草场退化的印象，才华说：“草场像是得了病一样，一年不如一年，黑土滩就像草原上的牛皮癣，扩散太快了。”而雪上加霜的是，退化的黑土滩上鼠洞密布，鼠类活动猖獗，鼠害又对草原形成致命破坏，就此形成恶性循环。

“草原退化，尤其是黑土滩，如果不进行及时治理，后果不堪设想。”才让尼玛说道。

近年来，青海省加大黑土滩的治理，为解决牧民群众因为生态恶化而导致的生产生活中的具体困难，拉开了一场与黑土滩的“斗争”。

2019年，青海省首个退化草地综合治理试点工程在达日县展开。达日县自然资源局副局长才让当周说，自三江源生态保护和建设（一期、二期）及退牧还草、黑土坡生态修复等生态治理项目实施以来，达日县共完成投资约6.4亿元，治理黑土

草原

耿国彪／摄

滩122.46万亩、黑土坡7.5万亩。通过草原生态保护修复综合治理，达日县草地植被覆盖度从46.7%提高到58%，天然草地鲜草平均亩产量由原来的115千克提高到现在的150千克，人工草地鲜草平均亩产量大幅提高到现在的790千克。

满掌乡是达日县全县草场退化最严重的一个乡，全乡有70%的草场成了黑土滩，2021年在这里种下了7万亩草。

在满掌乡的一处山坡上，我们看到一大片郁郁葱葱的草地，像锦缎一样铺展开来，草丛中一些金黄的油菜花倔强地开放，使这片草场显得非常特别。

“这是今年6月种下的，两个多月了，长势非常好。这种

长势良好的牧草　　耿国彪／摄

草适口性好、繁殖能力强、适应性强，高度能长到30厘米，专门用于黑土滩退化草地的恢复治理。”罗日盖告诉记者，这个草是草地早熟禾。

“以前我们也引进过其他地方的草籽，种到黑土滩上后，前一两年还行，但之后退化速度很快，成功率很低。后来我们研究培育出适合高原种植的早熟禾，目前果洛州已种植了近三万亩，处于大量扩种取草籽的阶段。”青海省林草局草原处处长张洪明说。

达日县作为青海首个推广黑土坡治理项目试点县，通过两年不懈努力，已探索出了一套黑土滩治理的达日经验和达日做法，为全国高寒草甸修复治理工作提供了样板。

远处，几只鹰在半空盘旋，它们在巡视着自己的地盘……在果洛州久治县门堂乡门堂村支部书记拉昂的眼中，这样的草原才是记忆中的模样。

拉昂对草原发生的变化感触很深。他说，过去牲畜超载导致草场质量下降，大家又用提高养殖数量保证收入。后来，草越来越稀，黑土滩和草原鼠也找上门来。

“你看草都这么高了，但在草原上你看不到一只牛羊。”拉昂对记者说，“现在是禁牧期。”在治理草原的3～5年都会封草场禁牧。过去，牧民虽然知道草原退化是过度放牧造成的，但对如何治理却没有经验。禁牧规定出台后，久治县的牧民都非常支持。

在治理草原退化过程中，最令拉昂感动的是他第一次通知村民翻地撒草种时，本来要求70多个劳力，但现场却来了400多人，而且基本上都是村里的劳动力。拉昂说，就冲这股劲儿，相信再过几年，草原会变得更好。

治理黑土滩，政府出政策、想法子，牧民出力气、心积极，形成了全民参与治理的模式。作为草原大镇的带头人，才让尼玛见证了牧民们对待草原态度的改变，“以前牧民们放牧没有节制，过度放牧超过了草原的承载能力，现在草原退化让牧民尝到苦头。同时，政府发现这种情况后，宣传教育让牧民们意识到保护草原的重要性，并出政策出资金大力度治理退化草原，给大家买了草籽、有机肥等，提高他们的积极性，很多牧民都用各种方式参与到治理行动当中。”

青海大学畜牧兽医科学研究院教授马玉寿说，此前黑土滩、黑土坡治理，没有成熟的经验可借鉴，经过25年的研究，如今已成功研发出了一系列黑土滩植被分类恢复、人工植被二次退化防治等技术，以及青期休牧模式。

李晓南对于达日县黑土滩的治理给予这样的评价：“达日县克服自然环境严酷、资金紧张、人才缺乏、技术薄弱等困难，全力推进草原生态全面保护、综合治理、系统修复，治理黑土滩122.5万亩、黑土坡7.5万亩，草原生态系统功能不断增强，草原生态环境明显好转，成为全省乃至全国草原生态保护建设的样板。”

科学治理让草原恢复生机

深秋辽阔。行走在达日县，映入眼帘的是一望无际的高寒草甸，牧草干枯，呈现出熟透的金黄；黄河无声地流淌，不时闪过的猎鹰、藏原羚、草原狼、野鸭，为草原带来了生命的气息。

草原退化治理成效已初步显现。但为草原“疗伤”，青海还在不断探索。

“新种的草一定要注意灭鼠。草原上的高原鼠兔，最爱掏洞吃草根。根被吃完了，好不容易成活的草，也就危险了。”罗日盖站在草场上，规划着新一年的灭鼠和种草安排。

罗日盖看着手中的牧草，犹如看着一手培育带大的“孩

草原鼠害　　耿国彪／摄

子”，他的双眼闪烁着光芒：“别看现在草场都是黄的，来年春风一吹，就满眼绿油油，生命力旺盛。”

以前种草不施肥，现在施肥了；以前草籽不筛选，现在严格筛选，施工时还要铺上无纺布。这样一来，种草的成活率就大大提高了，以前成活率只有30%左右，现在提高到80%以上。

记者跟随罗日盖来到大山深处的施工区，远处是大片大片的绿色。走近一看，原来是草地上铺着一层绿色的薄膜。罗日盖说，有了无纺布的保护，草才会长得更好。在狂风的冲击下，去年铺上去的无纺布已经有些破损，但无纺布下面的草牙子已露出点点绿意。罗日盖双膝跪在地上，轻轻地拔起一株草，仔细观察起来，欣喜地说道：“你们看呐，这草长得多好，根部深，抓地也很牢固，这就是无纺布的功劳。”无纺布施工作业是达日县新的试点项目，适宜在坡度陡一点的地方使用，可以降解，对草原没有破坏，而且起到了保温保湿、防治水土流失的作用。

据悉，达日县在退化草原人工种草修复中，优选乡土草种进行多品种组合搭配，采取混播种草复绿综合技术措施，提高植被的稳定性；在黑土坡治理中，综合应用混播种草、配方施肥、多种农艺措施组合等技术；在退化草地治理中，开展飞播种草治理新技术，减少对原生态系统的人为扰动。此外，积极探索示范推广草种组合搭配、配方施肥、有害生物防控等技术，为草原生态保护修复提供了强有力的科技支撑。

治理后的草原　　耿国彪／摄

与此同时，果洛州率先在青海实行“草长制”，形成了一整套行之有效的草地资源保护管理发展模式和最严格的草原生态环境保护制度。全州建立了草原管护网格化和管护队伍组织化制度，把草场承包与草原生态保护、修复、利用等活动纳入管护体系，形成全区域覆盖。严格执行禁牧和草畜平衡制度，实现草畜联动，遏制破坏草原生态的违法行为，维护和促进草原生态系统的完整性和功能性。

果洛州林草局负责人表示，果洛州还将在这三年内，建立健全包括草长制度、草畜平衡制度、管护员管护制度等在内的制度体系，提升草原保护和建设的整体水平。

根据草长制要求，果洛全面建立州、县、乡、村、社五级草长管理体系和部门协作机制，所有草场承包地块纳入管护体系，形成全区域覆盖。全州6县44个乡（镇）185个村585个牧业合作社全面实行草长制，实行草长制管理的草地包括天然草地、人工草地。

在久治县，副县长代勇现在是最忙碌的时刻，青海省草原保护修复的重点将移师久治县，5000万元的资金已经到位，他和同事们要抓紧时间落实修复地块、面积、施工程序等。“草原是牧人宝贵的财富，不管付出多大代价都要把久治县荒芜的草场变回大草原。虽然压力很大，但我们一定要带领群众走好荒滩种草复绿的生态治理之路，找回昔日的水草丰美。”

年保玉则　　耿国彪／摄

代勇说。

53岁的班桑是达日县满掌乡查干村草原管护员，也是一位牧民。他家共有3000多亩草场，养着五六十头牦牛。草原管护员的岗位可以使他一年有18000多元的收入，加上草原奖补资金2万多元和畜牧收入，全家一年有五六万元收入，小日子过得红红火火。

“我们的草场修复种草，政府没有让我们掏一分钱，还组织人力施肥、播种，我必须要把这草场看护好，这就是我们牧民未来的幸福生活呀。”班桑动情地说。

“青海在大力推进草产业发展的同时，富民增收作用也得到有效发挥。”李晓南说。青海省委、省政府通过支持发展饲草料生产、加工、储备全产业链，在三江源自然保护区探索出“园区+企业+合作社+农户”“公司+合作社+基地+农户”“合作社+基地+牧户”等多种生产经营模式，形成了企业、合作社规模化种植加工为主、牧户种植为辅、东西联动、农牧结合的草产业格局。同时，通过加大草原生态补偿力度，设置4万个草原生态管护员、积极吸纳农牧民参与草原生态保护建设工程，持续增加群众收入。三江源地区生态管护员年收入达到21600元，实现了保护生态、经济发展和改善民生多赢。

文 ◎ 耿国彪

“京津绿肺”七里海展新颜

——天津市宁河区实施十大工程取得显著成效

六月的七里海，水波粼粼，苇草摇曳，野鸭盘旋，白鹭漫步，鱼翔浅底，野花飘香……这就是“京津绿肺”七里海给人的突出印象。

七里海地处天津市宁河区，是1992年经国务院批准的天津古海岸与湿地国家级自然保护区的重要组成部分。保护区在宁河区境内面积233.49平方千米，其中核心区44.85平方千米，缓冲区42.27平方千米，有连片芦苇6万亩，水域面积3.5万亩。因此，七里海素有“北国江南”的美誉。

但在过去的几十年里，由于自然条件的变化，加之人为因素的干扰，七里海水源短缺，湿地退化，鸟类等野生动植物大量减少，生态环境问题日益突出。群众见此情景，痛心地说：“照这样下去，七里海不就要从地球上消失了吗！”

七里海的生态问题，引起了宁河区委、区政府的高度重视。受习近平主席“绿水青山就是金山银山”理念的启迪，领

鹤群　　七里海管理会／供图

导班子认真分析问题，总结经验教训，痛定思痛，决心跳出“死保护，保护死”的怪圈，以壮士断腕的勇气和魄力，坚决打好湿地保卫战。在大量调研的基础上，本着“生态优先、重在保护”和“自然恢复为主、人工恢复为辅”的原则，着眼构建大水、大绿、大美新格局，高标准编制和实施《七里海湿地生态保护修复规划（2017—2025年）》。修复内容包括历史遗留清理、生态移民、土地流转、水源调蓄、苇海修复、鸟类保护、生物链恢复与构建等十大工程。截至2021年年底，投入百余亿元，主要工程内容已基本完成。

“京津绿肺”七里海

排除人为干扰，让湿地静下来

过去，人们常用一个“乱”字形容七里海：首先，核心区全部苇田、水面为村集体所有，长期由承包户经营管理，湿地被人为地分割成若干个“土围子”，常年从事渔业生产活动；其次，核心区内外兴建了大量宾馆、饭店、农家乐和旅游设施，每年有30万～40万人进入核心区旅游，一年四季游人如

七里海管理会／供图

织；最后，核心区及周边埋有大量坟茔，每到春节、清明，上坟祭祖的人络绎不绝。这些都对湿地造成了负面影响。

针对这些问题，宁河区领导从思想工作入手，动之以情，晓之以理，导之以法，引导当事人算大账，算生态账，算长远账，很快疏通了思想，拆除整改了核心区及周边全部230处105万平方米违规建筑，清除了养鱼池内的全部变压器、集装箱、饲料房等设备，迁出并妥善处理了核心区及外围全部

856座坟茔；封堵了通往七里海核心区的全部34条道路。

拆除违建后，从2018年开始，对七里海核心区6.84万亩苇田水面和缓冲区5.6万亩土地全部实现了统一流转，从而结束了长达30多年“村自为战、割据管理”的局面，为实现统一规划、统一保护、统一修复、统一管理“四统一”创造了条件。

与此同时，兴建了全长49千米的环海围栏及视频监控系统，实现了对七里海湿地核心区的封闭管理。组织80人的巡护队伍，坚持常态化巡查巡护，重要地段设“卡口”，及时发现、制止和查处进入核心区捕鸟毒鸟、破坏湿地的违法行为，确保了湿地生态安全。

采取上述措施后，核心区停止了旅游运营，不再有人进入；苇田、水面不再从事养鱼等生产经营活动；迁出了全部坟茔后，消除了上坟烧纸引发火灾的隐患和燃放鞭炮对鸟类的干扰。如此一来，过去核心区长期存在的那种人山人海的“乱象”不见了，湿地变得和谐宁静了。

做好水文章，让“绿肺”绿起来

历史上，七里海水源主要来自潮白河上游客水。过去多年来，由于天然降水大量减少，上游河道基本断流，加之潮白河淤积严重，河道变得又浅又窄，无法储蓄水源，导致七里海湿地缺水十分严重。6万亩芦苇长期处于饥渴和半饥渴状态，湿地内3条二级河道、10多个大小湖塘经常干涸见底，周边土地盐碱化日渐明显。

水是湿地的命脉。宁河区根据存在的突出问题，对症下药，采取了两个关键措施：一是千方百计积蓄水源，扩大“盛水家伙”；二是疏通湿地内部水系，让水活起来。

为了拦蓄上游客水，从2019年开始，实施“一站、三坝、三河”工程。新建了七里海东海扬水站，更新改造了潮白河、蓟运河、还乡河3处橡胶坝，疏通了青污渠、青龙湾故道和曾口河3条淤积严重的河道，连通了蓟运河、永定新河、北京排水河等河道，形成5条补水线路。

普通鸬鹚　　七里海管理会／供图

这些工程完成后，补水河道最大蓄水量达到8000万立方米，可有效满足湿地的水源需求。仅潮白河一条河道，蓄水量就由4000万立方米增加到5700万立方米，成了一个中小型蓄水库。

随后又奋战两个月，对七里海核心区6万亩苇田内原有严重淤积的环海深渠、骨干沟渠和支系沟渠进行清淤疏浚，形成了相互通连的三级水体。

湿地引进水源后，芦苇长高了，长壮了，“京津绿肺”重新绿起来了，湿地再现了盎然生机。湿地环境的改善，大幅度提升了湿地生态功能。负氧离子每立方厘米含量2500～3000个，是大城市中心区的30～50倍。七里海湿地成为京津地区温度、湿度、空气质量的最好调节器，为改善区域气候发挥了巨大作用。

至此，基本解决了水源问题，可根据芦苇生长的需要，随

七里海湿地风光　　七里海管理会 / 供图

时向湿地内部补充水源。不仅有利于植被恢复与生长，也可有效抑制蓝藻等对水质的不良影响；核心区土地流转后，不再搞水产养殖，不再因大量投放饵料而造成水质富营养化，水体变得清亮了，由劣Ⅴ类提升至Ⅴ类，有些水域达到近Ⅳ类。昔日的“北国水乡”又回来了。

修复湿地生态，让物种多起来

七里海位于全球八大鸟类迁徙路线之一的东亚—澳大利西亚线上，是重要的鸟类迁徙驿站，每年有大量候鸟迁徙途中经过七里海，在七里海补充能量，作短暂停留，而后继续迁飞，还有一部分会留下来筑巢繁衍。

20世纪80年代以来，由于环境不适宜，大量候鸟成为来去匆匆的过客，真正在七里海停留下来筑巢繁衍的并不多。昔日那种成百上千的野鸟一齐栖息、飞翔的景象数载难逢，稀有珍禽更是难得一见，偶尔见到几十只东方白鹳、天鹅等珍禽，就让人十分惊喜了。

俗话说：“水干鱼净鸭子飞。”水源短缺，湿地退化，野生动植物也随之减少。过去人们常说的那种“棒打兔子瓢舀鱼，野鸭飞进饭锅里”的景象，只能留在老一辈人的美好记忆里，成为讲给孩子们听的遥远故事。

如何招引更多的鸟呢？区领导经过认真分析，认为：除了

七里海湿地风光

七里海管理会 / 供图

白琵鹭　　七里海管理会 / 供图

东方白鹳　　七里海管理会 / 供图

环境问题，缺少鸟类栖息地、繁衍地和觅食地，也是重要原因。于是，在平整核心区原有养鱼池堤埝时，对堤埝加以修整改造，建成20处大小不等的100个鸟岛。根据鸟的生活习性，岛上建有“岛中湖”，岛外围形成凹凸变幻的浅滩，“岛中湖”水很浅，与外围大水面相互连通，水体是流动的，不易变质，小鱼小虾游进“岛中湖”，正好给水禽提供了食物。“岛中湖”还是鸟类的避风港。如此生境，招引了数万只燕鸥、须浮鸥、燕鸻、野鸭、黑翅长脚鹬等在其间筑巢繁衍。

与此同时，通过科学调控水位，营造了1万多亩浅水区，水深保持在0.2～0.5米，水中投放了大量野生小鱼小虾和浮游生物，此处，成了鸟类的天然食堂。由于水深适度，水禽可自由捕食水中游鱼，一伸脖子即可捞取水底地梨（荸荠）、贝壳之类食物。浅水区内，片片香蒲与粼粼碧水交相辉映。大量东方白鹳、苍鹭、野鸭、鹬鸟在水草间觅食、漫步、嬉戏，尽情享受美好环境带来的安逸与惬意。

实施十大工程后，环境幽静了，水草丰美了，食物更充足了，鸟类越来越多。与10多年前相比，鸟类由182种增加到258种，数量由20万～30万只增加到40万～50万只。夏候鸟达到30种左右，增加10多种。尤其是珍稀鸟类越来越多。国家一级、二级保护鸟类，由10年前的34种增加到52种，常见的有东方白鹳、大鸨、黑鹳、白鹤、白枕鹤、遗鸥、乌雕、白尾海雕、黑嘴鸥、黑脸琵鹭、玉带海雕、白琵鹭、大天鹅、小天鹅、鸿雁等。曾经消失10多年的全球近危物种，包括震旦鸦雀、文须雀、北长尾山雀、黑嘴琵鹭等又重返七里海，人们还第一次发现中华攀雀在七里海筑巢。

鸟类的种群规模不断扩大。2021年和2022年春，路过七里海湿地的东方白鹳多达3000～4000只，占全球一半以上；天鹅、白琵鹭等均有1000多只。6万亩芦苇到处都能听到它们清脆响亮的鸣叫声。成百上千的野鸭、黑尾塍鹬、反嘴鹬、燕鸥、须浮鸥等在一起栖息、一起飞翔的场景，现在人们都习以为常了。

鸟是大自然的精灵。鸟多了，七里海不再沉寂了。苇海上方，常有一群群的野鸭、白琵鹭、鸥鸟等辗转盘旋；浩瀚水面上，一群群鸬鹚、䴙䴘悠闲游荡。苇海内水面上，常见野鸭、鸬鹚嬉戏追逐。浅滩、湖畔，常见苍鹭、鹬鸟悠闲散步。众多鸟类齐聚在此，和睦相处，给七里海增添了迷人的动态美、音乐美和恬静美。许多鸟类竟乐不思蜀，直到结冰了，仍恋恋不忍离去。

随着生态环境的改善，野生植物也得到迅速恢复。过去，除芦苇外，其他野生植物群落基本不复存在。近年来，通过合理调配水源，香蒲、荆三棱、稗草、荇菜等水生植物群落得到迅速恢复，初步形成连片群落。湿地野生植物物种增加到153种。酸浆、罗布麻、益母草等药用植物，野大豆、野绿豆、二色补血草、倒地铃等珍稀濒危物种，牵牛、红蓼、菊芋、旋复

湿地上空飞翔的鸟群　　七里海管理会 / 供图

花等野生花卉，地肤（扫帚菜）、盐地碱蓬（黄须菜）、马齿苋（马灵菜）等食用植物都得到了有效保护，数量逐年增加。

“绿水青山就是金山银山”，保住了绿水青山，就获得了金山银山。七里海周边33个村依托七里海秀美的自然环境，推进“湿地水乡”建设，发展起民宿、垂钓、采摘、休闲娱乐等旅游产业，将生态效益转化为经济效益。

好环境引来“金凤凰”。航空航天、电子、新能源、新材料等高端制造产业的一大批重点企业、重点项目也相中了七里海，纷纷在附近的现代产业园区落地生根，有效拉动了宁河区的经济发展。

文 © 天津市七里海湿地自然保护区管理委员会

贵州石漠化治理
向“地球癌症”宣战

2019年2月，《联合国防治荒漠化公约》第十三次缔约方大会第二次主席团会议在贵阳举行。联合国防治荒漠化公约执行秘书易卜拉欣·蒂奥称赞道：“道路两旁的山上，土层很薄，从有些地方露出的石头可以想到没有治理之前的样子，我知道贵州在石漠化地区培育这些良好植被有多么艰辛，我对贵州表示敬意。”

贵州是世界上岩溶地貌发育最典型的地区之一，岩溶出露面积占全省总面积的61.92%，也是我国石漠化面积最广、程度最深的省份。

“十三五”以来，贵州守好发展和生态两条底线，大力实施大生态战略行动，全力推进国家生态文明试验区建设，石漠化防治取得了显著成效。根据第四次石漠化调查初步结果显示，10年来，贵州石漠化面积从3.02万平方千米，减少到目前的1.7万平方千米左右，减幅达43%，是全国岩溶地区

玉屏街道石灰坳村山貌　　贵州省林业局／供图

石漠化面积减少数量最多、减少幅度最大的省份。其中，林草工程治理面积占比高达90%以上，石漠化扩展趋势得到有效遏制。

石漠化防治的不断推进，使得贵州各方面的生态环境得到了显著提升。2021年，全省地表水水质总体为“优”，集中式饮用水水源地水质为“优”，全省环境空气质量总体优良，森林覆盖率提高到62.12%，生物多样性丰富程度处于全国前列。

喀斯特锥状风丛

治理石漠化，需要组合拳

贵州是全国石漠化土地面积最大、类型最多、程度最深、危害最重的省份。石漠化地区往往也是贫困程度最深的地区，防治石漠化成为贵州打好脱贫致富和生态保护两场战役的重中之重。

坚持“生态与经济并重，治石与治穷共赢”的石漠化防治理念，近年来，贵州探索出了林业建设、产业带动、科技支撑三种主要治理模式，并取得了显著成效。

陈东升／摄

林业建设——石头地种出绿“衣裳”

提高森林覆盖率，降低岩石裸露程度是检验石漠化综合治理成效的根本标志。

2012年以来，贵州省以石漠化综合治理、退耕还林、天然林保护、防护林工程项目等林业工程为依托，大力植树造林，累计完成营造林5097万亩，森林覆盖率从47%提升到62.12%，森林覆盖率连续增幅居全国第一。

至此，“两江”上游生态安全屏障基本建成。

石漠化地区石头多、土壤少、多雨却留不住水，要保证

2005年水利乡尧棒村　　贵州省林业局／供图

树木存活率，贵州用了很多非常规的营造林技术。裸根苗浆根法、爆破挖坑蓄水法、客土造林、鱼鳞坑整地造林、藤本植物修复造林等营造林技术，在贵州的石漠化防治中，被广泛应用。林业行业大规模国土绿化为推进贵州省石漠化全面治理提供了基础保障。

产业发展——石旮旯变成“金窝窝”

贵州是山区石漠化省份，“八山一水一分田”是贵州自然条件的真实写照。

如何实现“治石”与“治贫”相统一，在石漠化山区生态

2020年水利乡尧棒村　　贵州省林业局 / 供图

得以逐步恢复的同时，让贫困地区产业结构得到优化调整，经济收入不断增长，是贵州省石漠化治理的核心问题。

深入推进农村产业革命，大力发展特色林业产业，实现石漠化综合治理与发展山地高效农林业相结合，是贵州在长期的实践中摸索出来的一条成功路子。充分利用地域和种源优势，高标准建成竹、油茶、花椒、皂角基地292.57万亩，刺梨基地32万亩，核桃改培26.37万亩，菌材林改培35万亩，特色林业产业产值达201亿元。

在治理石漠化的同时，有效带动林农增收致富。

贞丰县北盘江镇银洞湾村，95%以上的面积都是石漠化

贵州省安顺市关岭布依族苗族自治县板贵乡坡改梯种植花椒治理石漠化

严重的荒山荒坡。只有通过石漠化综合治理，才能“绝地逢生”。面对困境，银洞湾村积极转变思路，结合当地以喀斯特地形腐殖土壤为主的特征，种植花椒树。

石旮旯地里种花椒，在石头缝里形成灌木丛，水土流失就大大减少，而且还能产生经济效益，从此开创了喀斯特地区“花椒经济”脱贫致富的模式。

此外，贵州还创新治理机制，积极鼓励、培育“公司+农户”、专业合作社、大户等承包经营等新型主体参与治理石漠

贵州省林业局 / 供图

化，通过明确工程责权利主体，集中流转石漠化土地，统一规划，科学治理，取得了良好效果。

科技支撑——高科技制住“顽石头”

近几年来，贵州省林业部门积极开展科技研究，提高石漠化综合治理科技含量。

通过“贵州石漠化地区生态经济型植被恢复模式构建技术研究”，筛选出8种适宜的生态经济型树种，总结归纳出5

套树种配置模式，同时，还提炼出了生态经济型石漠化植被恢复技术。

通过实施“贵州喀斯特地区石漠化综合治理监测评价指标体系与监测示范”项目，提出了贵州喀斯特地区石漠化综合治理监测评价指标体系，建立了监测示范区。

通过“石漠化治理中高效益树种产业化技术示范及生态效益评价研究”，对柿树在石漠化治理中的固碳效应及柿树的产业化技术进行了研究探索。

这些科研技术的研究推广应用，为助推贵州省石漠化综合治理提高科技水平起到了重要的作用。

治理显成效，贵州获点赞

“这里是贵州省荔波县，这里的石头上，长出了珍贵的中药材——石斛。”

“这样的治理模式，不仅使生态环境得到恢复，更改善了贫困山区百姓的生产生活条件。”

“通过政府引导、企业牵头、百姓参与的方式，让荒山生绿更生金。”

“经过半个多世纪的不断探索和不懈奋斗，中国已经走出了一条生态与经济并重、治沙与治穷共赢的防治荒漠化道路，全国荒漠化土地面积自2004年以来，已连续三个监测期持续净减少，初步遏制了荒漠化扩展的态势……”

在《联合国防治荒漠化公约》第十三次缔约方大会第二次主席团会议开幕式前，时任国家林业和草原局局长张建龙向参会的各缔约方代表介绍中国荒漠化防治的模式和成效。他说：“作为我国石漠化面积最广、石漠化程度最深的省份之一，同时又是我国贫困人口最多、贫困程度最深的省份，贵州是中国践行治石更治贫最好的省份之一。”“本次主席团会议选在贵州举行，就是要组织各缔约方代表参观贵州石漠化治理成效，学习借鉴当地减灾减贫、增绿增收的经验和模式，提振大家防治荒漠化和土地退化的信心和决心。”

自2005年以来，贵州石漠化土地面积已连续四个监测期持续减少，危害不断减轻，石漠化扩展趋势得到有效遏制。

石漠化防治的不断推进，使得贵州各方面的生态环境得到了显著提升。2021年，全省主要河流监测断面水质优良比例97.7%，集中式饮用水水源地水质为“优”，9个中心城市集中式饮用水水源地水质达标率保持在100%，74个县城（含贵安新区）145个集中式饮用水水源地水质达标率100%。全省环境空气质量总体优良，9个中心城市空气质量指数（AQI）优良天数比例平均为98.4%；9个中心城市环境空气质量均达到《环境空气质量标准》（GB3095—2012）二级标准；88个县（市、区）空气质量优良天数比例平均为98.6%，森林覆盖率提高到62.12%，生物多样性得到了有效保护。

在防治石漠化的过程中，生态环境的改善，也有效助推了贵州脱贫攻坚。贵州将石漠化综合治理与发展林业产业相结合，其中，高标准建成竹、油茶、花椒、皂角基地292.57万亩，刺梨基地建设32万亩，核桃改培26.37万亩，菌材林改培35万亩，特色林业产业产值达产值201亿元，在治理石漠化的同时，有效带动林农增收致富，取得了生态效益和经济效益双丰收，实现了百姓富、生态美的有机统一。

贵州治石模式　世界关注

2019年2月27日，一批国际石漠化治理专家为贵州竖起了大拇指！当天，《联合国防治荒漠化公约》第十三次缔约方大会执行秘书易卜拉欣·蒂奥一行前往龙里县对石漠化治理成效进行考察。

“刺梨太神奇了！这个独特的树种，让石头山上真的长出了树木。我要把这个治理石漠化的经验带回菲律宾。”菲律宾参会嘉宾萨穆尔·马布林·顾特拉表示。

观摩中，萨穆尔·马布林·顾特拉一直不停地拍照，每种产品，都要拿在手中仔细观察。萨穆尔认为，种植刺梨治理石漠化效果十分理想，贵州通过“龙头企业+合作社+农户”方式组织农民种植生产，产业链完善，产品丰富，值得很多国家借鉴。

贵州省安顺市关岭布依族苗族自治县石漠化治理
生态修复高效农业园区火龙果产业

贵州省林业局 / 供图

黔西南布依族苗族自治州兴义市通过发展金银花产业治理石漠化

贵州省林业局 / 供图

美国参会嘉宾林德·奥兰是个不折不扣的“吃货”，刚喝完刺梨酒，又拿起刺梨饼，不断点赞：“刺梨汁、刺梨酒的酸味，就像第一次喝咖啡时很少有人觉得味道好，但越喝越回味无穷。”

丹宁，是刺梨汁、刺梨酒品尝起来略带酸味的原因。葡萄酒行业将丹宁和色素一起称作多酚物质，其含量和质量是评价红酒质量的重要因素之一。林德·奥兰对贵州通过产业发展治理石漠化，实现生态和发展双赢的举措表示赞叹。

观察完龙里县谷脚镇茶香刺梨沟基地后，易卜拉欣·蒂奥十分激动：“我对贵州的石漠化治理印象十分深刻，同时也对贵州表示敬意！我从来没有看到过这么多的山，这些山上的植

六盘水市水城区通过发展刺梨治理石漠化　　贵州省林业局／供图

被都很好。我长期研究环境保护和林业发展，我知道贵州在石漠化地区培育这些良好植被有多么艰辛。”

此次贵州之行，是易卜拉欣第一次见到如此多的高山，见证石山上也能书写绿色奇迹。易卜拉欣认为，在治理荒漠化上，以贵州为代表的中国智慧、中国技术都值得世界各国借鉴。

“中国是《联合国防治荒漠化公约》的最佳践行者之一。”在看见贵州为防治荒漠化做出的努力后，易卜拉欣盛赞不已。

《联合国防治荒漠化公约》中指出，人类正面临着严峻的荒漠化问题。每天，土地退化正导致13亿美元经济损失；每分钟，23公顷土地正在退化。人类应该保护赖以生存的美丽星球。

易卜拉欣表示，很高兴看到，近年来，中国作为负责任的发展中大国，大力推进国内生态文明建设，积极参与全球环境治理，成为全球生态文明建设的重要参与者、贡献者和引领者。

而下一步，贵州还将与全国一起，一如既往地履行《联合国防治荒漠化公约》缔约国义务。与各缔约方、各国际机构一道，携手并肩、共同努力，以实际行动助推全球土地退化零增长目标早日实现。

文 ◎ 赵恒

在沙漠中起舞

——宁夏防沙治沙实践

沙之困

黄沙漠南起，白日隐西隅。

摊开宁夏地图，三面环沙，黄河穿行其间，灵动与苍凉相和：西面，腾格里沙漠盘踞；北面，乌兰布和沙漠对峙；东面，毛乌素沙漠凝视。

沙漠，和地球上其他类型生态系统同等重要，它的功能，不因荒芜而空洞。沙漠是我国内陆干旱区的重要地貌类型，也是珍贵的生物种质资源库。然而，当自然承载力失衡，人与沙面临“你进我退”的对峙，沙之害，陷入生态失序的负面表达。

宁夏，是风沙进入祖国腹地和京津地区的咽喉要道，是构筑中国西部生态安全屏障的重要部分。

据《宁夏林草年鉴》记录，新中国成立前，宁夏风沙灾害

宁夏境内腾格里沙漠原貌　　宁夏回族自治区林业和草原局 / 供图

严重。浩瀚的沙区，仅有一些散生的天然灌木和沙生草丛。

宁夏回族自治区成立后，宁夏营造河西、河东两条大型骨干林带，阻止沙漠侵袭。20世纪70年代起，在引黄灌区，全民营造农田林网。至20世纪80年代，兴建扬黄灌溉工程。

“沙”之困，是制约宁夏区域经济社会发展的生态症结，是脱贫攻坚、改善民生的重大课题，是维护生态安全的必然要求。

荒漠化治理，是一道全球共同的生态命题。在多年与沙漠的攻守交锋之中，宁夏作为全国唯一一个省级防沙治沙综合示范区，“五带一体”“六位一体”的治沙模式，收获广泛认可。

第六次全国荒漠化和沙化监测结果显示，宁夏在全国率先实现了沙漠化逆转，连续20多年沙化、荒漠化土地“双缩减”，走出了一条荒漠化治理和民生改善相结合的道路。

从被围困、到善治、利用，宁夏实现了沙的能量转换。

被风沙裹挟的记忆

位于灵武白芨滩国家级自然保护区的“三北”防护林工程·中国防沙治沙博物馆，是宁夏乃至全国防沙治沙历程的“浓缩窗口”。从“沙漠印象、沙化危机、沙漠宝藏”到“与沙共舞”，防沙治沙的脉络，在博物馆的叙事里，也贯穿宁夏的生态建设历史。

时间轴回到20世纪80年代，宁夏灵武市马家滩镇，这里是“人民楷模”、治沙英雄王有德的故乡。

“那时，我们家住的窑洞，沙子刮进来，堆积高得超过了窗台，只能等来年风细了再清理。”王有德曾在事迹报告会里这样回忆。

长庆油田采油三厂的退休职工杨萍，1982年毕业后在马家滩镇工作。“那时沙漠一眼望不到边，地上很难见到草。当时正好流行烫头发，可是女职工就算烫了新发型，只要出门就必须戴上帽子，遮得严严实实。”

在宁夏，80%的地域年降水量在300毫米以下，干旱少雨、缺林少绿、生态环境脆弱。在中部干旱带，风沙的颗粒，

沙中的房子 宁夏回族自治区林业和草原局／供图

融入当地的民谣，落在家庭的窗台边，席卷了关于绿色的想象。风沙一度是生活的背景，在窗台、墙头，也咯在心上。

被打破的林草秩序

紫色的猫头刺花，簇成一团，吐露沙漠里的生机。

如今，在盐池县，唯有从“高沙窝”“沙边子”这些地名里，寻找风沙的印记。

曾经，位于毛乌素沙漠南缘的盐池县，52%的土地被沙漠侵占，近80%的村庄遭受沙害；过度放牧之下，天然草场以每年60万亩的速度被沙漠吞噬。

盐池县冯记沟乡马儿庄村，地处毛乌素沙漠和黄土高原的过渡带。虽然全村有1.07万亩耕地，但一半是“光喝不长苗”

的沙地。

村民樊天宝家，当时有近47亩耕地，一年连轴忙活下来，仍然养活不了6口人。风沙也来欺负人，“打的人都迈不开步子，前面三四米都看不到。早上起来，身上多盖了一层沙子被”。

不过，“风吹沙子跑，地上不长草”，并非只归咎于自然。

1979年，盐池县羊只饲养量达54万只。有的人在放羊之余，顺便挖些干草，补贴收入。当时一部分老百姓，靠挖甘草、打麻黄、放牧来维持生活。

过度放牧，垦挖后，失去庇护的草原，脆弱而无力：一旦起风，富含养分的细颗粒土壤被轻易刮走，土层中的水分蒸发。

这是一个恶性循环：为了生存，加大对资源的攫取，致作物减产，草场退化；环境愈发恶劣，加深贫困程度，沙区与川区经济差距扩大。

2002年，马儿庄村和全县同步，开始封山禁牧。

“养羊？地里不长东西，羊吃啥？”樊天宝带着老婆孩子进城找出路，一走就是18年。

被刺痛的绿色觉醒

风乍起，眼前天地，如同被模糊了的像素世界。

“地表细颗粒物质损失、土地质量下降；加剧生态环境恶化、破坏生产条件……”土地沙质荒漠化的危害，每一句表述落在地上，都是一种自然的哀痛。

“因自然和人为双重因素而导致的宁夏土地沙质荒漠化，不仅造成生态环境的恶化，而且已经成为制约沙区经济和社会协调发展的重要因素。”宁夏农林科学院荒漠化治理研究所所长蒋齐，曾在其研究成果中如此指出。

沙，是盐池县青山乡赵记塘村村民的苦涩记忆。风沙厉害时，沙子能爬墙上房。地里刚出的苗，一阵风沙刮来就被埋了。

风刮走的不仅是沙子，村里越来越多的年轻人离开了。老一辈人铆着一股劲，在房前屋后种树，几十年过去了，全村已植树3000余亩。

只有治沙，才能守住故土的根。

命运与风沙关联的，还有滩羊。20世纪90年代初，冯记沟乡黑土坑村滩羊养殖户张清云刚养羊时，最怕的就是沙尘暴。沙云压顶，人只得埋头躲起来，等风沙过去，再开始找羊。“就是这样，还是丢了几十只羊”。

只有治沙，人和羊才能有出路。

“20多年前刚来时，一碗饭里能有半碗沙。”吴忠市红寺堡区柳泉乡豹子滩村的李正江夫妇，移民搬迁至此，第一个迫切的任务就是防风治沙，“得在地里种点啥才行”。

只有治沙，才能开启新的生活。

沙尘，对沙区群众的精神意志，也是一种考验。

“恶劣的生态环境会影响生产的情绪。当农民在春天耕种时，无法保障到了秋天会有一个好收成，容易变为粗放耕作的机会主义行为。因此，只有通过防风固沙，土地生产力逐渐稳定，才能激发农民的干劲和对土地的投入，实现从‘风沙家园’到‘美丽家园’的转变。”宁夏大学西部生态研究中心教授宋乃平说。

这个转变并不容易。当时的盐池县，境内有三条明显的大沙带，面积达200多万亩，年平均降水量为248毫米，植被稀疏，沙进人退。

在人与沙的缠斗中，路在何方?

背着稻草的治沙人　　宁夏回族自治区林业和草原局 / 供图

沙之治

不然拂剑起，沙漠收奇勋。

沙漠如海，何以为舟？宁夏始终以高位推动荒漠生态系统保护与修复，创造了多个防沙治沙的经验，以工程带动，全面加快防沙治沙步伐；巩固禁牧封育成果，强化沙区草原植被保护力度；统筹协调，以刚性措施确保沙区生态用水。

2017—2021年，宁夏完成荒漠化治理450万亩，森林覆盖率提高至16.91%。

绿进一寸的欢喜，沙退一步的生机。在经年累月与沙漠的交手中，从未有捷径，贯穿其间的治沙精神，创造了绿色的奇勋。

突围：18千米，首条沙漠公路的穿越之旅

戴粉色头巾的袁玉香，怀抱一把麦草麻利地撒在沙地上。丈夫黄德有将铁锹插进麦草中央，用力一踩，麦草两头就立了起来。夫妻俩是中卫市常乐镇刘营村村民，在乌玛高速公路旁扎草方格。

在沙漠腹地修建高速路，国内尚没有经验可借鉴。腾格里沙漠地形起伏大，流动沙丘多，蒸发量是降水量的10倍……乌玛高速青铜峡至中卫段，需穿越沙漠东南缘腹地18千米。

白芨滩治沙林场职工扎设草方格　　宁夏回族自治区林业和草原局 / 供图

白芨滩治沙林场沙漠公路　　宁夏回族自治区林业和草原局 / 供图

为完成这18千米沙漠之路的勘察设计，宁夏公路勘察设计院翟文超回忆：“早晨7点半进沙漠，晚上8点多才出来，遇上大风，沙子打得人脸疼。走累了，坐下啃几口干粮，刨掉鞋里的沙再接着走。”

“这里的风向常年变化，沙子在近地表30厘米范围贴着地表移动，容易形成格状沙丘形态，必须科学合理地建设高速公路的防沙体系。”宁夏公路勘察设计院有限责任公司交通分院院长侯永刚介绍，基于腾格里沙漠腹地风沙活动规律、沙丘形态，结合已有的防沙固沙经验，创新提出“阻沙先行、固沙为主、固阻结合的六带一体”公路防护体系。

在乌玛高速中卫至青铜峡段，最近处的是模仿草方格式样的“小网格”沙障。在沙格内，抗旱、耐盐碱、耐沙埋的沙漠植物正在倔强地生长。

从沙漠中开辟的道路，通往更深远的未来。

善治：攻与守的智慧

经年累月，在黄与绿的“棋盘”上，人与沙落子对弈。在长期的防沙治沙实践中，宁夏以科技带动，综合施策，探索出了不同区域的治沙模式。

在腾格里沙漠，从一个“格子”升级为一套科学严密的防护体系：在包兰铁路两侧，以麦草方格为基底，固沙防火带、灌溉造林带、草障植物带、前沿阻沙带、封沙育草带，层层防御相护，构成“五带一体”防风固沙体系。

经过几十年的持续治沙，中卫沙漠植被覆盖率由最初不足1%，提高到现在的42.5%。

在毛乌素沙地，善治善用，探索出了灵武白芨滩林场的外围灌木固沙林，周边乔灌防护林，内部经果林、养殖业、牧草种植、沙漠旅游业“六位一体”防沙治沙发展沙区经济的模式。至今，三代白芨滩人累计治沙造林逾63万亩，控制流沙近百万亩，森林覆盖率达41%。

在中部干旱带荒漠化及风蚀水蚀区，禁牧封育、补播改良，减轻水土流失危害、减少输入黄河的泥沙量；在流动、半流动沙地，扎设草方格种植灌草；在地下水分好的区域，乔、灌、草疏林搭配形成绿洲……

2010年10月，《宁夏回族自治区防沙治沙条例》通过。宁夏始终把防沙治沙作为推进生态文明建设的基础性工作来抓，以防沙治沙综合示范区为引领，稳步构筑西部生态安全屏障。

拓荒：人与沙的交手

每一分沙漠中的绿意，都来之不易。

这是新植之绿。依托三北防护林、退耕还林、天然林保护等国家重点生态林业工程，以工程带动防沙植绿。在毛乌素沙地，三北工程项目区的林草覆盖度由建设初期的10%提高到30%。

毛乌素沙地白芨滩林场治沙效果对比图　　宁夏回族自治区林业和草原局 / 供图

这是“恢复”之绿。退牧还草工程、退耕还草工程等生态建设项目，让退化沙化草原得到休养生息和有效治理。

这是“水源”之绿。宁夏统筹用水，优先保障防沙治沙生态用水，推动发展高效节水农业，为防沙治沙提供用水支撑。

治沙，依靠科技的理性光辉，也贯穿不被风蚀的精神光芒。

在宁夏防沙治沙的艰苦进程里，是一个个如同树木般坚定的身影。

宁夏统筹推进山水林田湖草沙综合治理，以“宜林则林，宜荒则荒，宜沙则沙”为原则，实现综合治理、系统治理、源头治理。宁夏林草部门科学制定《黄河流域宁夏生态保护修复及重大项目方案》，守护黄河安澜。

实现“人进沙退”的生态逆转后，不但在荒漠中呈现了珍贵的绿意，还在生态脆弱区萌生出“生态经济”的生机。沙漠，从被治理的对象，正在演化为创造财富的资源。

沙之舞

沙漠耀星光，长河映暖阳。

防治“沙之害”，用好“沙之利”，宁夏充分利用沙区资源，实现沙漠生态功能的转化增值。

沙，曾是区域经济发展的限制因素，演变成得以转化利用的资源。宁夏升级沙漠生态旅游、沙漠种植等特色沙产业，并培育光伏治沙等新型产业，探索生态与经济并重、治沙与治贫的科学路径。

早在2010年，宁夏出台《关于大力发展沙产业推进宁夏防沙治沙综合示范区建设的意见》，将防沙治沙与区域经济发展紧密结合起来。如今，已逐步形成了沙区设施农业、生态经济林业、沙生中药材产业、沙区新能源产业和沙漠旅游休闲业等产业。

宁夏以生态优先、绿色发展为引领，推进黄河流域生态保护和高质量发展先行区建设。

沙漠旅游：星沙对望，对话自然

沙漠是宁夏的旅游文化符号之一。当沙漠旅游与星空、黄河元素交融，成为都市人放松心灵的目的地。

星星酒店，是中卫市沙坡头旅游景区的“网红”打卡地。在这里，数颗“星星”镶嵌沙海。沙坡头景区，在保护和利用之间寻求平衡，创造人与沙漠的理解空间。

另一边，是沙漠与黄河的“合奏”——民宿集群“黄河宿集”，兼具沙与水的气质，为各地游客提供一处黄河边的栖息之所。民宿的兴起还带动当地农民自主参与生态养殖、农事体验。

在沙坡头景区附近，鸣沙村、鸣钟村、沙坡头村等村庄，围绕沙元素发展乡村旅游，推动乡村振兴。

沙，是宁夏许多景区的底色，是生态画卷中的厚重一笔。当前，宁夏文化旅游将科学利用沙漠等特色资源，挖掘价值、

国家沙漠公园

宁夏回族自治区林业和草原局 / 供图

扩大合作、改善服务，深耕“沙漠”篇章。

沙漠产业：与沙携手，变害为利

在银川市黄河东岸，兴庆区月牙湖乡曾经的16万亩戈壁滩的命运，因绿色修复“手笔”而改变。

宝丰集团参与黄河生态治理，改良土壤、植树造林，并高标准建设了万亩优质枸杞基地。这里的枸杞“头顶”是成排的光伏电板——2016年，该企业在枸杞上方建设了占地3万亩的1GWp太阳能发电项目。

“一地多用、农光互补”的新型绿色产业模式，将光伏发电、生态农业、产业扶贫相结合。曾经的荒漠，也得以走上高质量发展的新路子。

宁夏枸杞红了　　宁夏回族自治区林业和草原局／供图

光伏板下的枸杞　　宁夏回族自治区林业和草原局 / 供图

昔日的荒沙地，跻身拓展产业新空间。沙漠地区，具有丰富的光、热、土等资源优势，是沙生经济林及加工业、沙漠日光温室，各类沙料新型建筑材料，兴建太阳能、风能发电的理想场地。

沙漠，奶牛，因为“沙床”而有了联结。在宁夏牛奶产业势头强劲的带动下，沙漠牧场盎然兴起。在中卫市腾格里沙漠南缘，沐沙牧场治沙近万亩，几年之后，曾经的沙丘变身为饲草基地，荒芜的沙地成为奶牛的“卧床”，形成循环产业链条，带动周围群众就业。

干旱、大风，8.8摄氏度的年平均气温……曾限制发展的因素，如今成为中卫市在沙漠边缘发展云计算产业集聚区的先天优势，为“沙”赋予更广阔的能量。

利通区矮砧格架沙地苹果栽培　宁夏回族自治区林业和草原局 / 供图

毛乌素沙地的柠条林　宁夏回族自治区林业和草原局 / 供图

“在沙漠‘变害为利’的进程中，宁夏严格准入制度，强化项目管理，全面执行自治区环境保护条例、落实沙区开发建设项目环境影响评价制度，从根源上保障沙区资源合理有序开发。”自治区林草局相关负责人说。

人沙和谐：统筹治理，平衡布局

宁夏葡萄酒与防沙治沙学院，是目前国内唯一一所培养防沙治沙人才的职业技术学院。它的前身是有着30余年办学历史的宁夏林业学校。代代传承，治沙的后辈力量正在崛起。

平衡沙漠的“利害”关系，这道命题仍在继续。近年来，宁夏持续进行大规模国土绿化行动，强化防沙生态屏障建设。同时，尊重自然规律和经济规律，防治结合，提升沙区的生态承载力，促进人沙和谐。

宁夏科学编制“十四五”防沙治沙规划，将加强小流域治理，通过实施草原生态修复、人工造林、特色经济林、水土流失治理等推进荒漠化防治，充分利用各区域有利条件布局沙产业，实现生态、经济协调发展，巩固脱贫攻坚成果，接续乡村振兴。

这里是宁夏，三面环沙。从沙之困、沙之治，到沙之舞，建设人与自然和谐共生的现代化，以绿色泛舟前行。

文 ◎ 毛雪皎

让绿色成为库布其沙漠最美底色

——鄂尔多斯市库布其沙漠治理模式探讨

初夏，浩瀚的库布其沙漠之中，碧绿的湖水，美丽的草原，起伏的沙丘，葱绿的树木，蔚蓝的天空，飘渺的云朵融为一体，美丽得让人难舍难离。

库布其沙漠，中国第七大沙漠，自西向东绵延360多千米，面积1.86万余平方千米，庞大的身躯像一条黄色巨龙横卧在鄂尔多斯高原北部，直跨内蒙古自治区鄂尔多斯市杭锦、达拉特、准格尔三个旗。蒙古语意为“弓上的弦”。奔腾不息的黄河似弓，绵延起伏的沙漠如弦。

曾经“黄色的死亡之海”孕育出了如今“绿色的生命之洲”，库布其的绿色奇迹声名远扬。

库布其沙漠的绿色中国梦 宋宪磊／摄

绿色战场
——挺进“死亡之海”，书写“绿色奇迹”

改革开放之初，库布其沙漠每年向黄河岸边推进数十米、流入泥沙1.6亿吨，直接威胁着“塞外粮仓”河套平原和黄河安澜，沙区老百姓的生存和生命安全常受其扰。数万农牧民生活在库布其沙漠腹地，受尽了沙漠的欺负。沙区百姓过着吃粮靠返销、花钱靠救济的艰难生活，屡屡出现沙进人退、远走他乡的“生态难民”。

“小时候记事起，村里村外全是沙，房前屋后都有沙

沙进人退　　伊金霍洛旗林业和草原局 / 供图

丘，沙丘经常拱上房顶，晚上睡觉还得顶门，不顶门沙就从外面涌进来了，实在是太危险了。”80多岁的高林树老人，一直生活在沙漠北缘的达拉特旗中和西镇官井村，曾经的恶劣条件令他心有余悸而又无可奈何。

伴随着改革开放的脚步，沉睡千年的库布其沙漠被唤醒。20世纪80年代中期，鄂尔多斯大胆改革创新，较早实行“五荒到户、谁造谁有、长期不变、允许继承”政策，激发了社会各界巨大的治沙动力。

1986年春季，高林树和村干部打了招呼，从80多千米外用3只羊换回一驴车沙柳苗条，带着家人开始种沙柳，成为官井村种树第一人。五年的坚持，高林树一家人种活了近千亩树苗，通过林下种植经济作物和割草养羊，成了村子里第一个万元户。库布其人就像大漠中的骆驼一样坚韧皮实。

提到“穿沙公路”，内蒙古几乎无人不晓。这条全长115千米的黑色油路，从杭锦旗锡尼镇出发，犹如一把绿色利剑，径直插入库布其沙漠腹地，硬生生将沙漠拦腰“劈断”。

“穿沙公路修通前，我家附近全是明沙，没有路，出行全靠骆驼。那时，由于只会说蒙古语，与外界交流困难。对外面的很多事情都不知道。直到穿沙公路建成通车，知道的事多了，日子过得一年赛过一年。”乌日根达来介绍说。

1997年，13万杭锦人民戴着顶“国家级贫困县”的穷帽子，奋起抗争，悲壮决绝地挺进了“死亡之海”，三度寒暑，劈沙成途，铸就被盛赞为“大漠奇迹”的不朽历史丰碑——“穿沙公路”，凝魂聚魄而成“穿沙精神”。

1999年，杭锦旗在上级党委政府和社会各界的支持下，让天堑变通途，打通了“穿沙公路”，由此拉开了大规模治沙的帷幕。先易后难，由近及远，锁边切割，分区治理，整体推进……库布其沙漠治理有序开展。鄂尔多斯人在库布其沙漠南

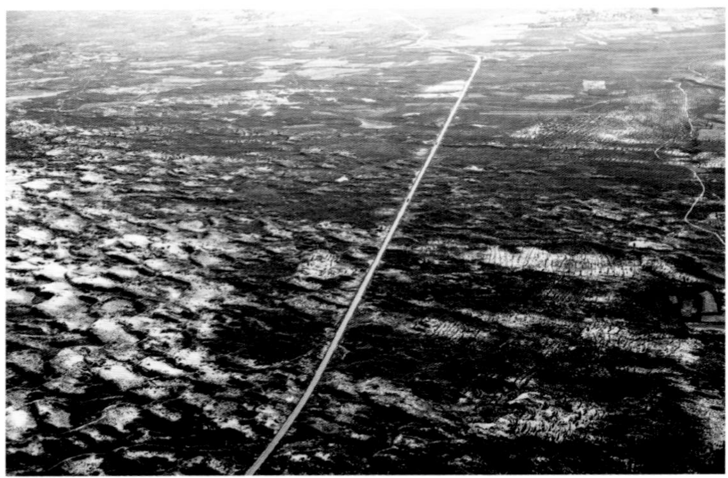

穿沙公路绿化对比图　　鄂尔多斯市林业和草原局 / 供图

北缘栽下锁边林带，建起了东西长200多千米、南北宽3～5千米的绿色防风固沙体系，乔、灌、草结合，带、网、片相连。同时，依托十大季节性河流，修建多条穿沙公路，将沙漠切割成块状，分区治理，建成一道道绿色生态屏障，阻止沙漠扩张蔓延。

进入21世纪，鄂尔多斯出台了“三区”规划，禁、休、轮牧，生态治理奖补机制等政策措施，是生态建设史上投资大、速度快、成效好、农牧民得实惠多、引人注目的高速发展时期。

“反弹琵琶，逆向拉动”，是鄂尔多斯生态建设的创新之举，政策引导之下，出现了农牧民争沙抢沙承包治理的喜人局面，企业纷纷包地治沙、投资林沙产业，涌现出全国劳模乌日更达赖、治沙愚公乌冬巴图、沙漠玫瑰敖特更花等一批防沙治沙先进个人和以亿利、伊泰、东达集团等为代表的治沙龙头企业。

目前，库布其沙漠区域生态环境明显改善，生态资源逐步恢复，沙区经济不断发展，治理面积达6000多平方千米，绿化面积达3200多平方千米，1/3的沙漠得到治理，森林覆盖率、植被覆盖度分别由2002年的0.8%、16.2%增加到现在的15.7%、53%，实现了由“沙逼人退”到“绿进沙退”的历史性转变，创造了大漠变绿洲的奇迹，走出了一条立足中国、造福世界的沙漠综合治理之路。

营造林工程

绿色发展
——“库布其沙漠治理模式”唱响新时代的绿色赞歌

鄂尔多斯党委、政府持续出台好政策，在生态建设的宏图上画下一个个“同心圆”，各部门联合作战，充分激发了全民植绿的内在动力，党政军民同心同德，聚力而行。

“生态兴则文明兴，生态衰则文明衰。”库布其治沙人用

乌审旗林业和草原局 / 供图

产业拉动防沙治沙，在生态产业链上做文章，从“谈沙色变”到对沙“情有独钟”，上演了一场沙里淘金、绿富同兴的生态大戏。

沙地，其实是个“聚宝盆”，尤其是沙柳、甘草、沙棘、山杏等这些“绿色精灵”的“集结地”。

达拉特旗风水梁镇曾是沙海起伏的“风干圪梁”，没有一户人家，也没有一片成林沙柳。沙柳作为当地乡土树种，生命力极其顽强，具有抗风沙、耐干旱、平茬复壮等特点。

东达集团在此长期栽种沙柳、发展沙产业，如今“风干圪梁”蜕变为“生态小镇”，已移民入住3100多户，6000多人从事獭兔养殖，53平方千米的治理区内草木葱茏。

拿甘草来说，既是药材，又能固沙、改良土质。杭锦旗出产的“梁外甘草”，久负盛名，现已围封补种和半野生栽培的220万亩“梁外甘草”。5万亩的阿木古龙农场是库布其甘草种植最主要的示范性项目。甘草领域研发了亿利甘草良咽、复方甘草片和复方甘草口服液等特色中蒙药系列产品，驰名中外的“梁外甘草”制造出“沙小甘”等健康饮品，成功打造了沙漠生态健康产业链。

在中央、自治区和鄂尔多斯市各项支持性政策引导下，鄂尔多斯市80多家参与治沙造林及其相关产业开发的企业产业化投资，逐步形成了一、二、三产业融合发展的生态产业综合体系，逆向拉动了库布其沙漠治理。目前，全市沙柳、柠条、甘草、山杏、沙棘等林沙产业总产值达到45亿元，实现了生态效益、经济效益、社会效益的有机统一。

鄂尔多斯通过政府引导和企业带动，建立多方位、多渠道利益联结机制，充分调动广大农牧民特别是贫困群众治沙致富的积极性和主动性。

“吃了上顿没下顿，夹生窝头沙碜牙”，流传于农牧民口中的这句顺口溜，正是之前沙区百姓艰苦生活的真实写照。而今，在库布其沙漠深处，牧民孟克达来一家人每年收入可达30万元，听上去有些难以置信，但对40多岁的他来说，这已是现实。孟克达来家住七星湖旅游景区境内的独贵塔拉镇道图嘎查牧民新村，他拥有沙地业主、产业股东、旅游小老板、民工联队队长、产业工人、生态工人、新式农牧民7种新身份，每一种新身份都能带来不菲的收入。

而与孟克达来同在一个镇的农民张喜旺则是一位治沙民工联队长，也是库布其沙漠的播绿者，一年收入十几万元。他带着30余名农民，通过招投标参与到治沙项目。“在库布其和我一样的民工联队还有很多，我只是千万治沙人当中普通的一员。”

像孟克达来、张喜旺这样的农牧民，仅亿利集团就组建起232个民工联队，5820人成为生态建设工人，带动周边1303户农牧民从事旅游产业，发展起家庭旅馆、餐饮、民族手工业、沙漠越野等业务，户均年收入10万多元，人均超过3万元。

从前，老百姓为了生存下来而治沙，现在，尝到甜头的群众是库布其治沙事业最广泛的参与者、最坚定的支持者和最大的受益者。

党的十八大以来，政府和治沙企业累计为群众提供就业机会100多万人（次），沙区农牧民人均年收入从不到400元增长到1.5万元，实现了祖辈梦想，充分共享沙漠生态改善和绿色经济发展成果，促进了人与自然和谐共生，让库布其治沙事业拥有更可持续的发展动力。绿色并没为库布其治沙画上句号，而是成了老百姓致富的新起点。

沙漠是怎么变成沃野的？靠的是尊重自然、科学治沙、持续创新。

在治沙实践摸索前行中，鄂尔多斯逐渐找到了一条科技治沙之路。缺少科技参与，库布其曾一度陷入“治理—恶化—再治理—再恶化”的怪圈。鄂尔多斯人提出，治沙一天不止，创新一日不停。从最初固沙、植树、种草开始，不停地试行实验、改良技术。草方格沙障就是其中典型的代表，在四通八达的沙漠交通线建设中发挥了重要作用，曾被世界赞誉为凝聚库布其治沙智慧的“中国魔方”。

2017年，《联合国防治荒漠化公约》第十三次缔约方大会代表在银肯塔拉生态景区现场观摩时，沙丘上的白色袋状沙障吸引了大家的眼球。时任达拉特旗林业局副局长吴向东介绍：“它是生物基可降解聚乳酸沙袋沙障，拥有完全自主知识产权的创新沙障技术。同草方格、沙柳等传统沙障相比较，其铺设效率提高3～5倍，障体材料可完全生物降解、杜绝了化学残留和二次污染，节约了大量人力、物力。”世界各国林业同行对此赞不绝口、羡慕不已。

在杭锦旗观摩现场，张喜旺展示了“水气种植法”。他说，“传统的人工治沙方式，得先挖坑，然后再种植，人均日种约2亩，苗木成活率不足30%。利用‘水气种植法’，10秒

生物沙障　　鄂尔多斯市林业和草原局 / 供图

水冲沙柳造林　　鄂尔多斯市林业和草原局 / 供图

就可种植一株沙柳，两个人一天能种40亩，和传统的植树方式比较，这种方法每亩节约成本近1000元，效率提高约10倍，成活率提高约55%。”

鄂尔多斯人不仅依托科技进行沙漠治理，并致力于该领域的基础科学和应用技术研究，创新了风坡造林、微创植树、甘草平移栽种、大数据和无人机治沙等100多项实用治沙技术。研发了1000 多种植物种子，建成了我国西部最大的沙生灌木及珍稀濒危植物种质资源库，建立了旱地节水现代农业示范中心、智慧生态大数据示范中心、恩格贝沙漠科技中心等一系列世界先进的示范中心。

在达拉特旗库布其沙漠的腹地，从高空俯瞰，金色的戈壁滩和排列整齐的蓝色光伏发电板交相辉映，一匹由光伏发电板拼成的骏马图跃然可见，这里成为一道靓丽的“金沙、蓝海、绿洲”独特风景线。

这幅获得吉尼斯世界纪录认证的世界最大光伏板骏马图形电站，位于达拉特旗建设的全国第三批光伏发电应用领跑示范基地，总规模200万千瓦，占地10万亩，预计年发电量40亿千瓦时，可实现年产值12亿元。

无独有偶。走进杭锦旗独贵塔拉镇库布其沙漠腹地，亿利生态光伏发电综合治理示范项目区。放眼望去，深蓝色的光伏板连绵不断，如同一片蓝色的海洋，蔚为壮观。

“向光而生，逐绿前行。”近八年来，亿利集团通过大跨

库布其沙漠上的光伏板　　鄂尔多斯市林业和草原局／供图

度智慧支架系统技术创新，利用沙漠丰富的光照、广阔的沙地，创新板上发电、板下种植、板间养殖，向光要电减排、向沙要绿固碳、向绿要地增收，构建“风、光、农、牧、氢、储”一体化立体生态光能示范基地。截至目前，已建成71万千瓦，完成投资50亿元，治沙面积7万亩，年发电量约12.5亿千瓦时，累计减排1000余万吨。到2022年年底，并网规模将达到91万千瓦。

“‘十四五’期间，在国家和内蒙古、鄂尔多斯、杭锦旗各级党委政府大力支持下，亿利集团依托多年治沙绿化增汇和光伏发电减排的‘双向碳中和’实践成果和科技创新，采取‘平台化、高科技、多元化’投资模式，积极探索‘治沙生态—光伏发电—电解水制氢—绿色化工’绿色循环经济发展模式，变化石能源为新清洁能源，变煤炭原料为绿氢燃料，点亮绿色经济。”亿利集团党委书记、董事长王文彪表示，下一步，计划在库布其、乌兰布和、腾格里沙漠投资开发千万千瓦级规模的光伏治沙项目。同时，开发氢化工、氢重卡、掺氢天然气等多元化用氢场景，进而打造国家级库布其沙漠“氢田”绿氢示范基地，力争到2030年实现减排1000万吨，实现增汇2000万吨，助力国家“碳中和”行动。

绿色之光
——守望相助、百折不挠、科学创新、绿富同兴的“库布其精神”

2020年9月10日，“绿化大沙漠，保护母亲河”终身成就奖、治沙造林突出贡献奖颁奖仪式在达拉特旗官井村举行。鄂尔多斯市林业和草原局授予白根海、曹扎娃、高林树、白永胜四位老人“绿化大沙漠、保护母亲河”终身成就奖。“一辈子爱种树、一种就是一辈子”是他们最真实的写照。他们几十年如一日，在无边大漠中植树造林，以愚公移山的精神、坚如磐石的信念、矢志不渝的坚守，创造了荒漠变绿洲的人间奇迹。

白根海：“我一辈子就爱种树!”“党没把我植树造林忘了，你说我能不高兴了？”

曹扎娃：“这个奖不是谁都能得到的，我还要再干五年。

以后我的林地要交给国家！”

高林树：“过去我们栽树可也难来着，在沙里头吃饭还得把头笼住。看看现在树长得多好！你们后辈比我栽得更好！”

白永胜：“那时候，我就下定决心要栽树，把沙治住！”“你们后辈要继续好好栽树。”

2020年10月20日，《焦点访谈》栏目播出《“愚公”治沙》，讲述了四位耄耋老人造林治沙的故事。他们用坚守和执着，变黄沙漫漫为绿意葱茏，在黄河流域构筑了一道道绿色长城，在鄂尔多斯生态建设史上刻下了浓重的一笔。

在习近平生态文明思想的引领下，为了实现绿色中国梦，鄂尔多斯人高擎绿色之剑，尊重自然、勇于创新、甘于奉献，划破“沙漠不可治理”的坚冰，守住了自己的家园，守卫了九曲母亲河，守护了祖国北疆生态安全屏障，创造出了一个沙漠变绿洲的世界奇迹，成就了“库布其沙漠治理模式”，孕育出“守望相助、百折不挠、科学创新、绿富同兴”的“库布其精神”，荡开一池春水，释放出强大的活力与浓浓的暖意。

“库布其精神”是对习近平总书记提出的“蒙古马”精神的生动诠释，是库布其沙漠实现成功治理的精神动力，使得库布其治沙人精神上由被动转入主动，实现了思想上的淬炼和理念上的升华。科学的“库布其沙漠治理模式”，有了强大的精神支撑，注入了不竭的动力源泉。

治理后的乌审旗

乌审旗林业和草原局 / 供图

绿色贡献
——共享经验，展现大国担当

2015年，联合国环境规划署在巴黎气候大会上向世界发布了《中国库布其生态财富创造模式和成果报告》，认定“库布其沙漠生态财富创造模式”走出了一条立足中国、造福世界的沙漠综合治理道路。

2017年，《联合国防治荒漠化公约》第十三次缔约方大会在鄂尔多斯市召开，库布其作为中国防沙治沙的成功实践被写入190多个国家代表共同起草的联合国宣言，成为全球防治荒漠化典范。

联合国副秘书长、联合国环境署执行主任埃里克·索尔海姆说：“在库布其，沙漠不是一个问题，而是被当作一个机遇，当地将人民脱贫和发展经济相结合。我们需要这样的案例为世界提供更多治沙经验。”

2019年7月，习近平总书记在致第七届库布其国际沙漠论坛的贺信中指出：“库布其沙漠治理为国际社会治理环境生态、落实2030年议程提供了中国经验。”

“库布其沙漠治理模式”成为可借鉴、可复制、可推广的防治荒漠化模式，并获得了国际社会的广泛认可，成为中国走向世界的一张“绿色名片”。库布其治沙人手执“库布其沙漠治理经验”这张中国的亮丽“绿色名片”，走出库布其，走向浑善达克、乌兰布和、腾格里、塔克拉玛干等中国西部各大沙漠和青海、甘肃、云南、贵州等全国各大沙区。

“青山一道同云雨，明月何曾是两乡。”如今，库布其沙漠治理形成的可复制、可推广、可持续的模式，已经成功走入沙特、摩洛哥、尼日利亚、蒙古国等国家和地区。沿着“一带一路”，继续在中东、中亚、东南亚等地落地生根，与全世界荒漠化地区分享成功经验和模式，为全球荒漠化防治开出了“中国药方”，为“实现土地退化零增长”的世界目标提供了“中国方案”，也为推进人类可持续发展贡献了“中国经验”。

文 ◎ 李振蒙　娜荷雅

二 林草改革

林草生态网络感知，为林草发展插上“翅膀”

20世纪60年代以来，信息技术飞速发展，互联网应用加速普及，在全球范围内掀起了信息革命的发展浪潮。这是工业革命以来影响最为广泛和深远的历史变革，给人类生产生活方式乃至经济社会各个领域都带来了前所未有的深刻变化。习近平总书记高瞻远瞩，明确指出：“信息化为中华民族带来了千载难逢的机遇”“没有信息化就没有现代化”“我们必须抓住信息化发展的历史机遇，不能有任何迟疑，不能有任何懈怠，不能失之交臂，不能犯历史性错误”。

为贯彻落实习近平总书记关于网络强国的重要思想，进一步提升生态保护修复管理水平，加快推进林业、草原、国家公园三位一体融合发展。2020年7月，国家林草局党组研究决定，启动建设林草生态网络感知系统（以下简称“感知系统”），旨在依托5G、大数据、人工智能等新一代信息技术和新型基础设施打造林草生态的智慧大脑，创新林草信息化治理

森林资源　　国家林业和草原局规划院 / 供图

模式和数字化服务模式，全面提升履职能力。规划院根据局党组的要求，勇担重任，举全院之力承担感知系统建设任务，为“十四五”林草高质量发展固本夯基、贡献力量。

珍视历史机遇，创新信息化思维

2018年党和国家机构改革，将国家林业局的职责，农业部的草原监督管理职责，以及国土资源部、住房和城乡建设部、水利部、农业部、国家海洋局等部门的自然保护区、风景名胜区、自然遗产、地质公园等管理职责整合，组建国家林业和草原局，加挂国家公园管理局牌子，全面履职监督管理森林、草原、湿地、荒漠和陆生野生动植物资源开发利用和保护，组织生态保护和修复，开展造林绿化工作，管理国家公园等各类自然保护地等。长期以来，林草行业虽然进入信息化技术研究领域较早，但信息化技术应用滞后，存在生态监测数据分散、应用系统孤立、硬件支撑落后等问题，导致资源监督管理粗放、生态保护修复工程实施监管效率不高，信息化问题已成为我国林草和生态建设管理的短板。特别是近年来，国家林草局实施的天然林保护、三北等防护林、退耕还林（草）、京津风沙源和石漠化综合治理等山水林田湖草重大生态工程，取得了积极成效。但由于缺乏信息化管理手段，技术手段滞后，工程建设中不能及时有效调度项目开工、投资执行、竣工绩效等信息。

在新的历史时期，为了全面履行党中央和国务院赋予国家林业和草原局的职责，坚持“林业、草原、国家公园”三位一体融合发展的基本方针，亟需抓住千载难逢的历史机遇，统筹处理各类林草资源数据，从全局和根本上解决信息化建设中“条块分割、烟囱林立、信息孤岛”问题，建立全业务全流程数字化、网络化、智能化机制，努力打造数字林草发展新格局。

突出技术引领，强化实战应用

规划院贯彻落实国家林草局党组“一个底板、一张底图、一个平台”“持续推动以实际应用为重点的感知系统建设”等工作要求，在局感知专班领导下，攻坚克难，探索了一条系统建设新思路。

高位推动，强化组织保障　国家林草局党组高度重视感知系统建设，成立专班负责感知系统建设，关志鸥局长任专班组长，其他局领导任成员，相关司局单位为成员单位，规划院作为“总包方”与各单位通力配合，确保各项决策部署落到实处。规划院从各部门抽调骨干人员组建工作专班，集中工作，重点攻坚、集成创新。多次向党组、局领导班子和局专班汇报感知系统建设框架、总体设计、建设方案和初步成果等。

专家论证，优化顶层设计　2020年7月，邀请童庆禧、尹伟伦院士等人组成的专家组对《林草生态网络感知系统三年实施方案》进行咨询论证。2020年10月，邀请自然资源部信息中心、中国资源卫星应用中心等单位的专家对《林草生态网络感知系统建设方案（2020—2022年）》进行论证。多次征求各司局、直属单位专家意见，不断优化完善建设方案。

林草融媒体

守正创新，加强系统整合　依托林地一张图系统，整合森林、草原、湿地、荒漠和生物多样性等六类核心业务应用，同时，与局有关司局、单位主动对接，梳理现有近百个业务应用系统，逐步解决各应用系统问题，统筹融入感知系统，进一步实现数据共享和业务协同。

深入调研，学习吸收融合　院感知系统专班到中央网信办、北斗办调研，学习北斗综合应用服务平台的建设经验；到自然资源部信息中心、卫星中心调研，吸收自然资源三维立体一张图、国土调查云、数据机房的建设经验；到应急管理部、中国气象局，吸取应急指挥中心建设经验；到中科院空天院、华为、腾讯、阿里等信息化技术水平较高单位调研，研讨空天

国家林业和草原局规划院／供图

地一体化监测、大数据、人工智能等先进技术。

聚焦中心，集中力量办大事　围绕国家林草局信息化建设和新技术应用的堵点、难点，多次召开专班办公室工作会，不定期召开专题会，与相关司局单位共同研究系统建设内容、目标任务、技术路线和时间节点等。目前，已完成林草统计一套数、办公网速提升、办公系统优化、网站改版更新、局院内5G移动网络布设等任务。初步打造了集指挥、展示、会议、培训于一体的感知中心，以及系统总平台。感知系统信息安全三级等保已通过北京市公安局备案审核。

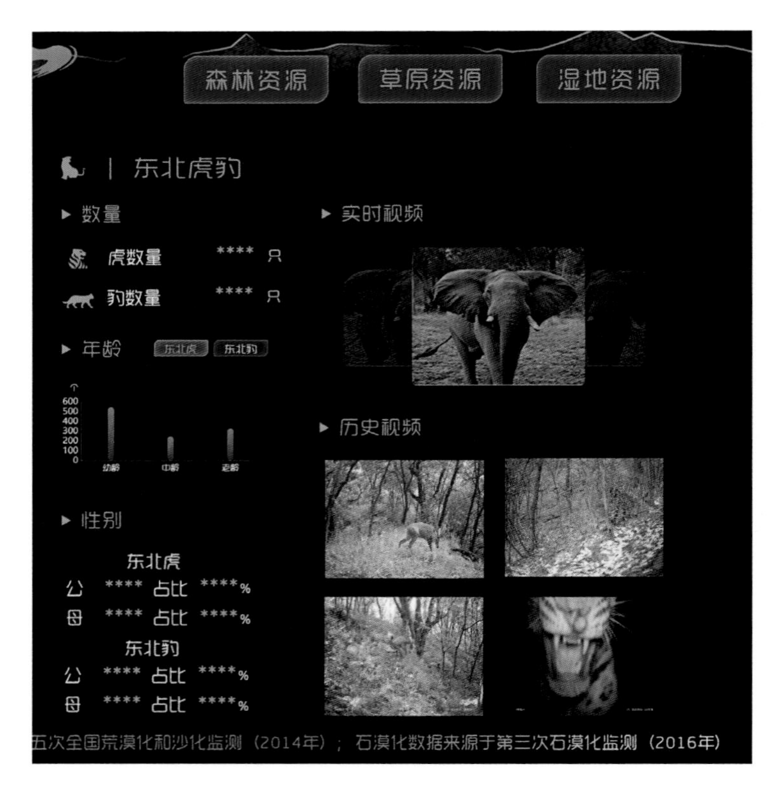

旗舰物种　　国家林业和草原局规划院／供图

打破条块格局，优化顶层设计

林草生态网络感知系统以国土三调数据为底版，建成反映资源监测和生态感知的林草“一张图”“一个库”“一套数”“一朵云”“一平台”，推进业务应用“一体互联”和政

草原资源　　　　国家林业和草原局规划院／供图

务管理“一网通办”，实现林业、草原、国家公园三位一体重点领域动态监测、智慧监管和灾害预测预警，建立健全国家林草局信息化“集中建设、统一运维、分口应用”的新格局，有效提升林草治理体系和治理能力的现代化水平。

感知系统建成后，将作为统一的信息化平台，服务全局政务管理，具体包括整合联通已有信息系统，共建共享林草监测数据和统筹推进基础设施建设。

整合联通已有信息系统　全面深入梳理国家林草局应用系统建设现状，统一清理、整合、优化已建200多个应用系统中与实际业务脱节、功能单一重复、使用频度较低、使用范围较小、长期停止运维的系统，在林草生态综合监测平台上，融合林地违法违规占用预警、国家公园等旗舰物种实时监测、全国草原生态保护修复和监测、森林草原早期火情预警、松材线虫病重点地区监测预报、大兴安岭森林火情早期预警监控、生态护林员联动管理、沙尘暴灾害预测预报、全国湿地破坏预警防控、野生动植物综合管理、全国自然保护地综合管理等20个应用系统，打造互联互通、业务协同、信息共享的“大系统”——感知系统，实现林草政务管理全程一体化，政务服务跨层级跨地域高效协同。

共建共享林草监测数据　建立林草信息资源目录，制定数据采集、数据内容、信息共享和数据管理标准规范，将标准相异、格式不同、自成体系的森林、湿地、荒漠、野生动植物调查监测数据和原农业部门的草原资源调查数据等专项调查监测数据，进行清洗、整合、改造、关联和标准化处理，建成林草资源“大数据”。横向上全面推进涉及局机关、直属单位间的数据在线共享与应用。纵向上积极开展覆盖国家、省、市和县等林草资源主管部门间的数据在线共享和交换。开展与国家有关部门间的数据共享，及时获取自然资源部、应急管理部、中国气象局等相关部门数据，不断完善林草资源大数据内容。通过国家林草局门户网站等，向社会公众提供林草资源有关数据服务，推进自然资源政务信息共享开放。

统筹推进基础设施建设　统筹现有的、已批复的基础设施建设项目中相关的服务器、存储、网络、安全等相关信息化资源，充分利用社会公共基础设施，建成公有云、私有云混合的林草资源云平台，将林草资源数据和应用系统全部整合上云，建立“大平台”，形成分布式部署，分级管理、应用和共享服务机制。

坚持整体设计，逐渐分步推进

通过一年多努力，感知系统总平台初步搭建、感知中心不断完善、中心机房建设有序推进、数据标准体系基本建立，以工作需求为导向，感知系统建设在相关重点领域和应用模块方面取得了阶段性突破。

林草生态综合监测数据入库　基于国土三调统一底板，完成2021年林草湿图斑监测数据标准化处理与入库。综合监测数据按省下发到县，推动数据上下贯通，推动数据应用和资源管理挂钩。

国土绿化落地上图　开发了造林绿化落地上图管理模

块、造林绿化落地上图移动端App，实现造林地块的精确定位、精准区划、实地调查，为造林绿化落地上图外业数据采集工作提供有效支撑，另外还编制了《造林绿化落地上图技术规范》。

松材线虫病疫情防控监管　集成松材线虫病疫情天空地一体化监测技术和林间实际监测成果，建立了疫情发生发展动态可视化管理平台，首次实现疫情监测精准到森林小班。搭建了松材线虫病变色立木无人机监测智能识别平台，助力无人机采集数据的在线识别，准确率在85%以上。

保护地整合优化数据库建设　建立了全国自然保护地整合优化管理分系统，统一了全国整合优化国家汇交指引及数据标准，形成了整合优化空间数据库和业务数据库。同时基于地理信息系统（GIS）平台，对整合优化数据进行汇总、融合、分析及可视化展现。

林草防火预警监测　对森林草原防火模块进行升级改造和优化完善，新增业务工作、基础信息、工作助手等多个功能，丰富了功能体系，持续推进业务流向信息流转化。全面推进系统间资源融合与数据共享，已将视频监控、防火码App2.0，互联网+防火督察，以及大兴安岭、四川等地防火应用系统整合到防火模块中，实现信息共享共用。

沙尘暴预报预测　联通与中国气象局的千兆裸光纤专线，就卫星数据、站点数据、沙尘暴预警等数据与中国气象局逐个衔接落实。编制了系统模块的建设方案和建设框架，已研发了沙尘暴感知数据支撑系统、沙尘暴监测分析与评估系统、沙尘暴灾害应急管理系统三个子模块，基本满足了沙尘暴灾害的实时监测和值班值守管理的需求。

《“十四五”国家信息化规划》中，明确指出“提升林草生态网络感知能力，完善生态系统保护成效数字化监测评估体系”，为感知系统建设作出了方向引领。规划院将在局党组的正确领导下，在感知专班的指导下坚持“技术引领”“持续改进”“应用为本”的建设理念，不断推进感知系统建设，加强林草智慧监管能力，逐步提升林草治理体系和治理能力现代化，推动林草事业高质量发展。

潮流激荡，万泉奔涌。信息化发展时代潮流与世界百年未有之大变局以及中华民族伟大复兴战略全局发生历史性交汇之际，林草工作者没有丝毫懈怠，迈出了自己坚实的步伐，林草生态网络感知系统为林草高质量发展插上了信息化、遥感即知的“翅膀”，必将产生深远的影响。

文 ◎ 国家林业和草原局林草调查规划院

生态优先绿色发展的创业奇迹

——山东省淄博市原山林场

淄博市原山林场坐落在山东省淄博市南部山区，建立于1957年，是淄博市第一家国营林场。原山林场建场之初，群山裸露，满目荒芜，森林覆盖率不足2%。65年来，以全国林业英雄孙建博为代表的原山三代务林人一张蓝图绘到底，一茬接着一茬干，在鲁中地区打造了一道不可或缺的绿色生态屏障。如今的原山林场经营面积4.4万亩，活立木蓄积量22.1万立方米，森林覆盖率达到94.4%。

党的十八大以来，原山林场坚持以习近平新时代中国特色社会主义思想为指导，以走在前列、干在实处为目标定位，以担当实干深入践行“绿水青山就是金山银山”理念，始终坚持做“两山论”的忠诚者、践行者和传播者，成为全国林草系统的一面旗帜、全国国有林场改革发展的样板。

原山林场 李雷／摄

坚持使命至上，荒山石缝孕育绿色奇迹

夏日的齐鲁大地，到处绿意盎然，生机勃勃。从博山区最北边的原山林场北峪营林区到最西边的岭西营林区，再到南边的樵岭前营林区，一路上满目青翠、流水潺潺，松树、柏树、刺槐等树木交织的森林延绵不断。优质林木与大片岩石共生，林业专家考察后称赞其为“中国北方石灰岩山地模式林分”。

“石灰岩山地土层薄而且存不住水，一镐头下去火星四射，震得两手虎口直疼。造林难度大，苗木成活率低。”今年79岁的段新安，是原山林场的第一代务林人，他回忆说，林场刚建立那会儿，所谓的林场，其实是名副其实的“石头山”，只有极少量的幼林和残存林，森林覆盖率不足2%。

在这样一片荒山上建立林场，是响应党中央号召而起步的。毛泽东主席“愚公移山，改造中国”的批示，成为鼓舞全国人民改造山河、改变一穷二白落后面貌的动员令。1957年12月，原山林场建立，全场干部职工决心“战胜穷山恶水”，再苦再难也要把荒山变青山，从此拉开了半个多世纪艰苦创业的序幕。

“爱原山无私奉献，建原山勇挑重担”，艰苦创业是原山精神的主题。让树木在石缝里成活，是原山林场第一代务林人的初心。为让荒山尽快绿起来，原山人在林区组织开展造林大会战，克服生产生活条件困难等不利因素，凭着仅有的百把镐头百张锨开展造林工作。他们先治坡后治窝、先生产后生活，长期居住在石屋和破庙里，工作在荒山秃岭上，硬是将一棵棵树苗种进了石缝里。

北方气候干旱，经常几个月不下雨。在原山林场艰苦创业纪念馆中，一处“百人传水”的景象令人印象深刻，它真实再现了林场人当年植树造林的信心和决心。当时，数百名林场干部职工在荒坡上排成“之”字形，联手往山上传水浇树。工作人员介绍，1961年，原山林场自开春以来就没有下过雨，林场人栽下的第一批树苗岌岌可危。大家集体往山上背水、扛水，效率却跟不上，于是想出了接力传水的办法，用了3天时间把树苗全部浇灌一遍。

在长期的植树造林中，原山人发现侧柏、国槐等强阳性树种根系发达，较为耐旱，对改造石灰岩山地更加有效，从而对其进行了大面积栽植，造林成活率从不足10%提高到90%以上。他们还总结出“不下雨不栽、不连阴天不栽、不下透地不栽”的三不栽原则。每逢下雨天，别人往家跑，原山人就带着树苗和劳动工具上山抢种树苗。

造林不易，护林更难。在原山人眼里，种活一棵树就像拉扯自己的小孩一样。树小的时候怕不活，活了又怕被牛羊吃了，再大了怕被人偷了，还要时刻防范森林火灾。

就这样，原山人在这片贫瘠的土地上力争造一片、活一片、护一片、管一片。用第一个20年的时间，终于为座座荒山披上了绿装。

坚持改革创新，让林场既长叶子又长“票子”

20世纪80年代，改革开放的春风唤醒了沉睡的神州大地，也为原山林场带来了新的挑战和机遇。原山林场成为淄博市首批“事改企”试点单位，昔日的种树人不等不靠，走出林场，在市场中求生存、求发展。虽然也依据林场实际上马了一批奶牛场、冰糕厂、木材加工厂等工副业项目，但后期由于经营不善、观念滞后等原因，所经营的项目大多被市场淘汰，矛盾越积越多，困难越积越大。

原山林场凤凰山营林区

“累计负债4009万元、126家债主轮番上门讨债、职工13个月发不出工资、职工医药费不能报销，有的职工靠卖血供孩子上学。更为严峻的是林区周边野坟遍地，一进入冬季每天森林火警不断，时刻在威胁着这片来之不易的生态林……”许多退休多年的老职工，对孙建博刚上任原山林场场长时的局面仍然刻骨铭心。

翁伟 / 摄

1996年底，原山林场下属企业陶瓷批发公司经理孙建博临危受命，担任场长。

曾经有人问过孙建博这样一个问题："作为一名残疾人，当时已经将所经营的陶瓷批发公司做到了'买全国、卖全国'的规模，为什么放弃自己先富起来的优越条件，敢于接下林场这个烂摊子。"而孙建博说："这不是敢不敢的问题。我是一名残疾人，更是一名党员，是党员就要听党的话，坚决服从组织的安排。再大的困难也要咬牙坚持。”听党指挥、敢于担当是共产党员的基本要求，也是永远流淌在原山人血液中的优秀基因。

习近平总书记说，“改革唯其艰难，才更显勇毅”。困难任何时候都有，精神则决定了干事创业的状态和力量。林场党委很快统一了思想：千难万难，相信党依靠党就不难。原山要想走出困境、获得发展，关键在党员，全场近200名党员都应成为旗帜和标杆。他们创造性地在全场党员中实行“五星级管理”，由群众来评星，让荣誉来定星，使干部群众学有榜样，赶有目标，争有标杆。通过全场党员的先锋模范作用，凝聚起原山人干事创业的强大动力。全场上下迅速形成了“特别能吃苦、特别能战斗、特别能忍耐、特别能奉献”的干事创业良好氛围。

顶着巨大的压力，林场党委关停了下属亏损企业，堵住了林场漏洞，又千方百计筹措资金建起了原山酒厂、原山刀具厂、原山食品厂、原山养殖场和苗木基地等有市场前景的新企业，用两年多的时间，为职工补发了工资，退还了集资，补缴了养老保险，报销了医药费。干部职工们的信心逐步建立起来，大家自己动手和水泥、砌石堰，开拓旅游市场，相继建成了全省第一家森林乐园、第一家民俗风情园、第一家鸟语林、第一家大型滑草场……绿色产业蓬勃发展。

原山林场石海　　刘伟东／摄

1996年以来，特别是党的十八大以来，原山林场深入贯彻习近平生态文明思想，紧紧依托“绿色生态”和“艰苦创业”两块金字招牌，突出“红+绿”融合发展模式，在有效保护森林资源的基础上，大力发展生态旅游、园林绿化、森林康养等产业，坚定不移地走出了一条林场保生态、原山集团创效益、原山国家森林公园创品牌的新路子，实现了生态保护和民生改善的有机融合。在全国4297家国有林场中率先实现了山绿、场活、业兴、人富、林强的目标。

原山林场率先提出了“防火就是防人”理念，组建山东省内第一支专业防火队，创建全国第一个“大区域”防火体系，每年防火期打烧防火隔离带70千米，初步建立起“天地空人”

一体化防火体系，林区内连续25年实现零火警。森林活立木蓄积量由1996年的8万立方米增长到2021年的22.1万立方米，森林覆盖率达到94.4%。

据测算，原山林场生态林每年可吸收1万余吨二氧化碳，释放6千余吨氧气，吸滞6万余吨灰尘，森林生态系统每年调节水量476.48万吨，固碳量2828.63吨，固碳释氧功能价值量3173.57万元，生态服务功能总价值量1.8948亿元。获评首批中国最美森林氧吧、全国自然教育学校、中国森林康养林场、全国林业英雄林教育基地等称号。被当地市民亲切地称作“淄博的肺”。

坚持崇德兴仁，共同富裕的路上不让一个人掉队

“在原山工作10年来，我们的工作和生活条件越来越好，干劲儿也越来越足！”原颜山宾馆职工张宁于2011年4月整建制整合到原山林场，谈及现在的幸福生活，她难掩心中的喜悦和自豪。

来到原山安家的不止张宁一家。孙建博常对身边的党员说：“心有担当，才能永远行进在不断超越的路上。”1996年以来，原山林场按照党委、政府的要求，先后接管、代管了淄博市园艺场、淄博林业培训中心、淄博市实验苗圃、淄博市委接待处下属颜山宾馆等4家濒临绝境的事业单位，形成了由5家

困难事业单位和1家企业组成的新原山。

可以说，每整合一个单位，就要脱一层皮，难度可想而知。但是，面对责任选择勇于担当，千难万难也要接下来。因为，原山林场党委班子想到的是，1000名职工就是1000个家庭，事关3000人的和谐幸福。接下来的不仅是一个单位，更是一份责任。

以德治场、凝心聚力的管理理念是原山精神的鲜明特色，它回答了原山人“靠谁干、为谁干”的问题。为将不同编制和身份的人员紧紧凝聚在一起，汇聚起干事创业硬核力量，林场党委提出了“一家人一起吃苦，一起干活，一起过日子，一起奔小康，一起为国家做贡献”的一家人理念，打破干部终身制，制定在职职工岗位责任制工资分配办法，推行职工竞争上岗制度，对不同编制和身份的职工一律一视同仁，科学有效的治理体系极大地提高了职工的劳动热情和创新创造力。在林场人员的管理上，打破了干部任用终身制和身份限制，采取“能者上、庸者下、平者让”的科学管理机制，使一大批业务精、能力强、敢担当的同志走上了领导岗位。

2016年7月，在国家林业局、山东省委组织部及淄博市委、市政府的大力支持下，原山林场打造了山东原山艰苦创业教育基地，“国家林业局党员干部教育基地”“国家林业局党校现场教学基地”“国家林业局管理干部学院原山分院”和“中共国家林业局党校原山分校”相继在这里挂牌。国家卫生

原山林场岭西营林区　　李雷／摄

健康委、山东省委党校、山东农业大学等近百家单位也先后在这里建立教学实践基地或党性教育基地。2018年3月，原山艰苦创业教育基地（原山精神）与焦裕禄干部学院（焦裕禄精神）、红旗渠干部学院（红旗渠精神）、江西干部学院（井冈山精神）等一起，入选中央国家机关首批12家党性教育基地，每年接待全国各地的党员干部职工10万多人次。原山平台的培训作用、原山精神的教育作用、原山改革的鼓舞作用、原山典型的引领作用、原山发展的宣传作用和林业英雄孙建博的影响作用，都为处于改革风口的全国国有林场提供了可学习、可借鉴、可复制、可推广的典型经验。

党的十八大以来，习近平总书记“绿水青山就是金山银山”重要论断进一步打开了原山人的视野，这10年是原山林场发展最好最快的阶段。原山林场先后获得“全国旅游先进集体”、全国“关注森林20年突出贡献单位”、“保护母亲河优秀组织奖”、全国“保护森林和野生植物资源先进集体”等荣誉称号。全国绿化委、国家林业局、中共山东省林业厅党组、中共淄博市委、淄博市人民政府等先后印发文件，组织开展向原山林场学习活动。2018年1月，人力资源社会保障部、全国绿化委员会、国家林业局联合发文，授予孙建博“林业英雄”称号，成为继马永顺、余锦柱之后的第三位全国“林业英雄”。中宣部启动“新时代、新气象、新作为”大型主题集中采访活动，原山林场被确定为山东省唯一一个宣传典型。

坚持走在前列，全面推进国有林场深化改革试点

“艰苦创业没有休止符，原山改革永远在路上。”党的十八大以来，原山上下坚持以习近平新时代中国特色社会主义思想为指导，始终以“走在前列，干在实处”为目标定位，从严治党有新举措，林场改革有新突破，民生事业有新发展。2021年，“山东省淄博市原山林场基本实现现代化的创新做法”写进《生态林业蓝皮书：中国特色生态文明建设与林业发展报告（2020～2021）》，成为全国唯一一家入选的国有林

场。日前，由国家林草局和中国林业产业联合会共同评选的“依托林草资源发展生态旅游、森林康养典型案例”名单公布，《山东原山林场新时期新格局，践行“两山”理论，当好林场改革排头兵》案例，成功入选全国40个典型案例，也是在转型升级模式板块，山东唯一一家入选的国有林场。2021年4月，国家林业和草原局将原山林场与福建省三明市、浙江省金华市东方红林场一同列为全国深化国有林场改革试点单位。原山林场将于2025年完成包括生态文明传播基地、国有林场“两山论”转化示范基地、薪酬分配制度改革试验区、国有林场现代化建设先行区、国有林场“共同富裕”展示区在内的“两基地三区”建设的光荣使命，努力谱写原山可持续高质量发展的新篇章。

英雄的原山林场，不是突然从天而降的，是在原山精神的不断感召和鼓舞下，从无到有，从小到大，一步一步发展壮大起来的；原山精神也不是凭空而来的，而是三代原山人在原山这片热土上，在干事创业、砥砺前行的过程中不断总结和凝练出来的。英雄林场创造了原山精神，原山精神铸就了英雄林场。原山精神的形成，与我国社会主义建设的创业史、改革发展史是保持同步的，原山精神是中国社会主义建设与改革的一个浓缩写照。

“60多年来，原山林场走出了一个人物、带出了一个团队、绿化了一座青山、干成了一份事业、弘扬了一种精神、

北峪营林区　　李雷／摄

树立了一个样板。”从荒山秃岭到绿水青山，从绿水青山再到“金山银山”，原山林场人一代代传承着百人传水、石缝栽苗的艰苦奋斗精神，又在发展中不断赋予原山精神新的内涵。他们用青春，用生命，用双手，用汗水在大山上建立了一座绿色的丰碑。

文 ◎ 曹钢　高志哲

福建省南平市森林生态银行助力“两山”转化

福建省南平市，俗称闽北，地灵人杰，名流辈出。南平是闽越文化、朱子文化、茶文化的发源地，被誉为“朱子故里”“理学摇篮”。南平生态资源丰富，是国家级生态示范区，森林覆盖率达78.89%，林木蓄积量占福建三分之一，毛竹面积占全国十分之一；河流绵延纵横，人均水资源量为11990立方米，是全国人均水资源量的6倍。水生柔情，滋润万物，将南平涵养为“福建粮仓”“南方林海”“中国竹乡”。

往昔繁华随风去

“嘿！嘿！建设我们祖国，木材用途广又广，盖楼房，建工厂，铁路铺得万里长，奔腾的江河需要架桥梁。”这是20世纪50年代在我国南方流传的一首采伐歌。木材之于国家建设的作用不可小觑，在新中国成立初期，木材更是在极大程度上支

顺昌县国有林场国家储备林质量精准提升示范片　　顺昌县林业局 / 供图

援了社会主义建设。

福建省南平市作为地球同纬度生态环境最好的地区之一，是世界杉木中心产区，种杉历史已逾千年，有“林山竹海”的美誉，以杉木为代表的森林资源极其丰富，是名副其实的“生态高地”。因此，当年国家为了支援第一个五年计划建设，将“东北林业模式”放在南平市顺昌县的建西林区进行试点，从1957年开始，华东七省市相继组织近两万名热血青年参与建设建西林区，许多来自五湖四海的林业建设者也因此选择了留在当地安家。而且由于当时交通运输十分不便，国家还花大力气组织修建了南方最长的森林铁路——建西森林铁路，铁路总长

建西森林铁路蒸汽机车运输木材 顺昌县林业局／供图

142.66千米，设计年货运能力40万立方米、客运20万人次。

“这地方那时候叫‘大埠岭’，有砍不完的高阳杉，木材源源不断从这里运往全国各地。”建西森林铁路“小火车”老司机胡亚昌回忆起火车开通时的“盛况”，仍然情难自抑。1959年，胡亚昌从江苏老家远赴福建，支援森林铁路建设，火车开通后，他成了火车司机，这一开就是20年。几十年间，森铁长龙喷吐着滚滚浓烟，穿山越岭，景象蔚为壮观。最鼎盛的时期，建西森铁木材年运输量高达15.7万立方米，是全国各林区客货运列车中的“标兵”。“汽笛声声脆，长龙滚滚来。迎接八方客，送走栋梁材。”提起森铁往事，胡老随口就吟诵出了这首20世纪60～70年代传遍林区的诗歌。“那时木材多得无法形容，那时林区好红火啊！真是林业工人一声吼，群山也要抖三抖。”胡老和几位老森铁工人布满沧桑的脸上透着一股神往。

林区还以独特的风貌吸引各路宾朋，苏联、日本等林业和铁道专家也到林区考察。我国首部反映南方林区生活的故事片《青山恋》的剧组也于1963年11月到林区体验生活和外景拍摄。那个火红的年代在老一辈务林人心中留下了永不磨灭的印象。

20世纪80年代后期，建西森铁最大宗的货物木材和矿石运量逐步萎缩，森铁效益每况愈下，企业经营难以为继。1992年4月，建西森铁全路停运，并于次年7月全线拆轨，结束了32年的辉煌历史。

建西森铁的繁华落尽，恰恰映照出那个时期以资源采伐为地方经济重要支柱的发展模式已经跟不上时代发展的需要，改革已是箭在弦上。

林业改革“小荷才露尖尖角”

刚卸任顺昌县国有林场场长不久的赵刚源一家也是当年从山东老家千里迢迢支援福建林业建设，并在当地安家落户的一份子。母亲退休后，赵刚源接班当上了光荣的林业工人，算得上根正苗红的“林二代”，40多年来，从一名林业工人到业务股长、木材采购站负责人、顺昌县采育总场书记兼场长、顺昌县国有林场书记兼场长，他亲历了福建林业改革进程。

“我们的立地条件很适合林木生长，但也存在一个问题，土壤全是黄土，找不到石头，土地中皂苷、沙砾成分高，一旦发生洪灾，很容易造成水土流失。”2010年6月18日，一场特大暴雨引发的洪水，将整个村庄的房子推到几千米外的场景令赵刚源至今无法释怀。“一旦发生水土流失，

苗木培育基地　顺昌县林业局／供图

我们的林子也是整片整片被冲掉。”水患频发对林木生长同样影响巨大，顺昌林业人开始思考必须要转变传统“七刀八火”的炼山经营模式。此后，国有林场开始有意识地保留前一代林分的散生阔叶树，采用“保留阔叶树不炼山耙带整地造林”的近自然经营模式。

作为当地第一个“吃螃蟹”的人，国有林场遭遇了不少质疑。“你们怎么不考虑经济效益和成本？”质疑的声音主要来自对纯种杉木林的改变。杉木是我国南方的主要用材树种，其带来的经济利益驱使当地政府对杉木种植的看重。20世纪50～60年代，在油锯伐木的轰鸣声中，种类繁多的阔叶林成片消失，重新种上的大都为杉、松等针叶树种。悠久的杉木栽培历史与较高的培育水平，顺昌因此拥有了“中国杉木之乡”的美誉。

自2004年起，顺昌林业部门以县国有林场为试验田，积极探索适合本地实际的科学造林模式。到2014年左右，形成了一套改主伐为择伐、改单层林为复层异龄林、改单一针叶林为针阔混交林、改一般用材林为特种乡土珍稀用材林的“四改”措施，并在全市推广。

改革从来没有一帆风顺

国有林场的森林经营方案成果喜人，岚下国有林场钱墩工区建成的一片374亩示范林名声在外。经过多年针阔混交培育，抬头杉木参天、平视闽楠繁盛、低头杜鹃遍地，一派和谐的景象，实现了变单一杉木林为针阔混交林，变单层林为复层异龄林，同时通过套种发展林下经济的高质量森林经营模式，效益显著。

在现任国有林场场长詹旋常眼里，“经过提升改造的林子，下雨天从山上流下来的水都是清的，和河对岸老百姓采用传统造林方式造成的浊水形成了鲜明的对比。尽管是这样，你也很难说服老百姓。”顺昌76%以上的山林林权处于碎片化状态，尽管有关部门很早就采取多种措施推广不炼山造林、保留伐区阔叶树的造林方式，但由于森林质量精准提升工作既具有高度专业性，又触及老百姓的经济利益，在推行中显得艰难。“看似简单的想法，背后涉及千家万户的利益，情况更为复杂。”顺昌县林业局有关负责人说。简单的补偿、鼓励政策，不仅在农村复杂的社会矛盾与经济利益面前显得无力，地方财政也难以长期支撑。

赵刚源回忆起德国专家来顺昌考察的故事：“德国是近自然林业的发源地，他们说我们这里的资源培育水平已经达到了德国的资源培育水平。”专家的肯定让赵刚源感到欣喜，但同时，该专家的下一句话让赵刚源心头一紧，“但是你们没有德国林业人有耐心，我们的树没有70年是不砍的。”“中国老百姓要吃饭的呀，我们也知道树木的生态价值，可是如果都等那

针阔混交、林下套种 顺昌县林业局／供图

么长时间才砍，大家都饿死了。”面对质疑，赵刚源深知何意，但却无从回答，他只能叹息着说：“作为人口大国，我国林业的发展与保护之路注定与他们不同。”

林地是山区群众主要的生产性经营资料，工业文明带来大发展、大跨越，经济效益第一的观念逐渐深入人心，林业生产周期长、见效慢，山区又没有别的产业，追求“眼前账”、透支生态成了常态。“你不能让老百姓牺牲经济利益，这是很难做到的。”作为林业人，赵刚源对老百姓的选择深有体会。“改革从来就没有一帆风顺，生态问题需要钱来解决，但钱从

西坑森林康养示范基地

顺昌县林业局 / 供图

顺昌森林生态运营中心　　顺昌县林业局 / 供图

哪里来？”这个现实困境既是政策制定者需要回应林农的，也是当地政府迫切需要解决的问题。

青山——“金山”，新奇“银行”显威力

2002年，时任福建省省长习近平到南平调研，要求“发挥比较优势，走有山区特色的发展路子，把生态优势、资源优势转化为经济优势、产业优势”。

顺昌县森林生态银行开业当天，
水南村村民夏六华以委托经营形式，办理了第一笔业务 顺昌县林业局 / 供图

南平在顺昌改革初探的现实困境，激发了新一轮的改革探索。

2017年年底，南平提出在顺昌试点建设森林生态银行的构想，试图打通生态资源与绿色产业的对接通道，“唤醒沉睡的生态资源”。

2018年12月3日，顺昌县森林生态银行正式开张运营。双溪街道水南村村民夏六华是森林生态银行的第一位客户。当天，她将家里的9亩杉木幼林“存入银行”，拿到了编号0001

的存折。

“没想到，原本还要好多年后才有收益的林子，现在就有收入了。”因为丈夫残疾，女儿远嫁，夏六华家的林子之前无人打理。夏六华说，现在她把林子存入银行，在签订托管协议后，生态银行会根据林木价值进行评估，并且给予农村贫困户特殊优惠政策。在今后20年内，每月她都可领到310元的预期收益。托管期满后，根据山场林木价值，还能再拿到除预付收益成本外的六成纯收入。

“这是让林农得实惠，银行得红利的双赢之举。”赵刚源说，四年来，森林生态银行通过商品林赎买、合作租赁、托管等模式，共流转了7.95万亩林地，为林业资源变现资金达6个多亿。

“森林生态银行是借鉴商业银行的做法搭建的一个森林资源资产运营管理平台，它以国有林场为运营主体。我们做过专业测算，国有林场集约经营的林子，仅出材量上就会比林农分散经营高出25%左右。”赵刚源介绍，在顺昌县岚下钱墩工区、百益工区的国有林场，通过林下套种闽楠、红豆杉等珍贵树种，变单层林为复层林，使林分结构更科学，不仅能提高森林生态承载能力，预估的山林单产价值也将达到普通山林的三至四倍。

“林子托管了，自己也不能闲着，摆脱贫困还得靠努力奋斗。”在森林生态银行的帮助下，2020年，夏六华一家在西坑森林康养基地开设了民宿“麒麟山庄”，而得益于西坑康养基地优渥的自然环境和生态银行强大的引流能力，“麒麟山庄”在夏六华一家的诚信经营下蒸蒸日上，目前年收入已超过20万元。“贫困”这个词，彻彻底底成为了他们的过去，而他们一家成功脱贫的故事也成为众多媒体报道的典型。

条条大路通“金山”

“林业资产有其自身特点，非标、估值专业、处置不便等等，都影响到资源变现，这是我们搞森林生态银行主要解决的问题。”赵刚源说。

2019年10月，森林生态银行注册成立了顺昌县绿昌林业融资担保有限公司。“作为银行、林农间的桥梁，绿昌公司代银行审查、监督林农，也代林农向银行提出申请、办理相关手续，对双方都很便利。”绿昌担保公司负责人周翠霞说，绿昌公司运营以来，给1264户林农发放了融资担保贷款3.1亿元，为他们节约了将近1700万的融资成本，广受老百姓欢迎。同时，积极引入国开行9.12亿元、农发行3亿元和欧投行3000万欧元的长期贷款额度支持，实施国家储备林质量精准提升工程，有效解决林业发展的资金难题。

林业碳汇交易也是林业资源变现的有效方式，森林生态银行开始发力林业碳汇交易项目，先后成功交易了全省首单森

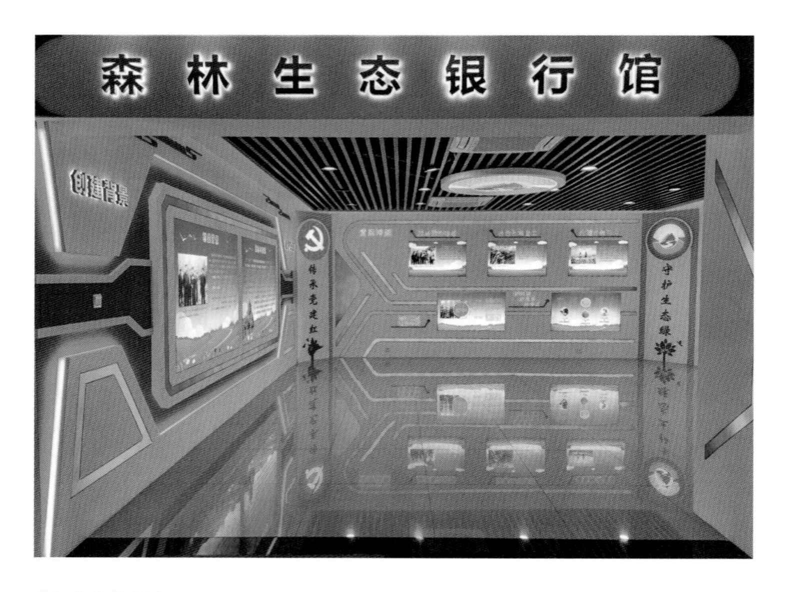

森林生态银行馆　　顺昌县林业局／供图

林经营碳汇和全国首单竹林碳汇，碳减排量合计22.45万吨、412.6万元，接着又实施了国际VCS标准的林业碳汇项目，为探索生态产品价值实现新路径打下良好的基础。

“顺昌有林地250万亩，其中集体和个人部分约190万亩，碳汇开发空间巨大，但是目前的碳市场只接受权属清晰的独立法人的林地，集体和个人的林地难以参与碳汇交易，因此，目前参与福建林业碳汇项目开发的，多为国有林场。”顺昌县国有林场业务部王荔英介绍说。为了解决这个难题，2019年国有林场创立编制了《“一元碳汇”项目管理方法学》，在全国首创“一元碳汇”试点项目。“项目的参与对象必须是全国扶贫开发信息系统中建档立卡的贫困村和贫困户，必须有林权证或自留山证。”王荔英说，“由国有林场将分散的林地资源统一进行林业碳汇项目开发，并将碳汇项目实施所产生的碳汇增量，通过微信小程序扫码方式，以1元10千克碳汇量的价格向社会公众销售，销售的资金进入专门账户，专项用于森林资源保护、修复和培育，支持巩固脱贫攻坚成果，衔接乡村振兴工作，打通生态产品价值实现的新路径。林农当上‘卖碳翁’，‘两山’转化的道路越走越宽。”

“得益于‘一元碳汇’项目，今春造林季，村民植绿积极性空前高涨。”建西镇路兹村党支部书记罗春发高兴地告诉记者。建西镇是顺昌“一元碳汇”项目的首个试点乡镇，“我们实施碳汇林面积6000多亩，可产生3万吨碳汇量，预计首个监测期收益会有上百万元。”镇党委书记季丹高兴地说。

为了扩大碳汇的购买主体，顺昌创新性地提出“碳汇+”的理念，不论什么应用场景，只要产生碳排放，就可以通过认购碳汇的形式实现“碳中和”，如“碳汇+大型会议、全民义务植树、生态旅游、生态司法、金融”等。

“我们还建成了覆盖全县的大型林业碳库，把脱贫村、脱贫户的林木资源全部纳入，同时，我们发起成立了顺昌县零碳环保公益基金会作为资金的承接方，为我们零碳顺昌文明城市建设出一份力。”王荔英表示。

“一元碳汇”小程序上线两年多来，已有近2900人次认购了5900多吨碳汇，价值59万余元，769户脱贫户从中受益。

碳汇交易在近些年看起来挺热闹，但实际交易并不活跃，国有林场在福建海峡交易中心挂牌两年多的11.9万吨的竹林碳汇，还有近5万吨没卖出去，而且碳价低迷，既然卖不出去，价格又低，那该怎么办？经过国有林场和兴业银行的强强合作，“碳汇贷”绿色金融产品应运而生，林场将30万吨碳汇产品预期收益权作为质押物向兴业银行融资2000万元，这个劲爆

顺昌县市民踊跃认购“一元碳汇”　顺昌县林业局／供图

的新闻一出，顿时火遍朋友圈，这种把碳汇的收益权作为质押物，而且还是预期的收益权，简直让全国的林业人心中都燃起熊熊烈火，谁家还没有个几千几万吨碳汇？顺昌升升木业这个竹木加工龙头企业就是这个新产品的受益者，借助国有林场的碳汇技术服务平台，通过和基地林农深度合作，将碳汇项目的预期收益权质押给兴业银行融资1000万元，给民营企业的融资方式爆了个大彩蛋。

站在新的起点上，森林生态银行又开始探索“一村一平台、一户一股权、一年一分红”的合作新模式，林农、村集体、国有林场、政府和社会五方均可受益，森林增绿、林农增收和集体增财的多方共赢是其目标愿景。2021年9月，全省深化集体林权制度改革暨全面推行林长制工作会议在南平顺昌召开，充分肯定了森林生态银行是深化集体林权制度改革的创新、探索与实践。

2021年11月23日，顺昌县森林生态银行及“碳汇+”创新项目从全国26个省、直辖市、自治区的135个申报项目中脱颖而出，甚至打败了“蚂蚁森林”这种巨无霸级别的项目，成功荣获2021年“保尔森可持续发展奖自然守护奖”。“保尔森奖”是全球可持续发展领域的重量级奖项，森林生态银行能够获得其认可可谓来之不易，消息传来，银行运营大厅的一众工作人员顿时欢欣鼓舞，就连大厅内办事的老百姓也纷纷鼓掌庆贺，一副与有荣焉的样子。

获得保尔森奖　　顺昌县林业局／供图

南平市森林生态银行是全国第一家森林生态银行，创立以来，多次遭遇不解和质疑，至今也无法光明正大地悬挂“森林生态银行”的招牌，而只能挂“森林生态运营中心”的牌子，一路走来，筚路蓝缕、风雨同程，但是这些林业人矢志不移，咬定青山不放松，最终得到了自然资源部、国家发改委等部委以及《人民日报》等权威媒体的高度认可和鼓励推广，为森林资源富集地区探索生态产品价值实现机制提供了经验和示范。

习近平总书记2022年4月在海南考察时深刻指出，“绿水青山是水库、粮库、钱库、碳库。”“四库”的科学论断既是对森林综合效益和多重功能的精准凝练，也是对生态保护与经济社会发展辩证关系的生动阐释。森林生态银行在“两山”转化过程中创新性地把“四库”变成了“宝库”，大有可为，也必定大有作为！

文 ◎ 刘孙庚

广州市花都区的“隐形”富矿

——梯面镇公益林碳普惠交易项目

初夏的广州分外闷热，但是驻足于草木葱郁的花都区梯面镇却感到一丝凉意。花都区位于广州市北部，东接从化，南接白云，全区总面积970平方千米，有广州市“北大门”“后花园”的美誉。

梯面镇位于广州市花都区。花都区森林资源较丰富，截至2019年年底，花都的森林总面积为36252公顷，约占广州市林地总面积的12%。梯面镇作为花都区唯一的林业镇，生态环境良好，林业资源丰富，森林面积76.2平方千米，森林覆盖率高达83.5%，森林蓄积量约为47万立方米，郁郁葱葱的森林成为广州北部一道“绿色屏障”。百步梯古道位于民安村北侧，为古代中原通往南粤以及广州的交通要道。清代屈大钧著《广东新语》记载，百步梯为“南控省城，北通北粤，乃省城之屏障，南北粤之咽喉”。梯面地区原属花山人民公社管辖，称梯面管理区。1962年2月梯面地区从花山人民公社划出，成立花

绿色梯面　　毕应胜　毕星明／摄

县国营林场。1984年3月成立梯面公所，花县百步林场改称为梯面林场。1987年1月1日正式成立梯面镇人民政府，林场原有职工由梯面镇政府接管。

但是梯面镇民众尽心维护的近十万亩生态林不能采伐，如何让梯面林场广袤的森林实现持续发展，让绿水青山真正变为“金山银山”并进一步提高当地村民生态保护的积极性？对此，梯面镇一开始是探索依靠丰富的森林资源开发生态旅游项目，其在2008年被广东省旅游局评为广东省旅游特色镇，在2012年又被环保部评为国家级生态乡镇。同时，该镇也将红山村等打造成为“网红村”，梯面镇内还设立了省级森林公园王

王子山景区　　黄江／摄

子山森林公园，森林覆盖率达98%。

2017年6月，《广东省广州市建设绿色金融改革创新试验区总体方案》经国务院同意印发执行。该方案的主要任务之一为稳妥有序探索建设环境权益交易市场，其中提出了支持在花都区北部生态休闲带审慎探索试点开发碳汇项目。因此，时任梯面镇党委书记周耿斌将目光投向了“绿色金融”，探讨林业碳普惠项目的可行性，最终推动了广州首个林业碳普惠项目落地。

在探索中开拓具有广东特色的碳普惠方法学

2018年7月，广州花都公益林碳普惠项目成功向广东省发改委申报，项目备案申请获得广东省发展改革委的审核和签发。最终，梯面林场获签发的13319吨碳普惠核证减排量（PHCER），成交金额约22.72万元，成为广州市首个成功申报的林业碳普惠项目。去除成本，最终为林场带来了约19万元的真金白银，实现了生态保护和农村经济发展双赢。

广州花都公益林碳普惠项目在探索实践过程中，有效破解了当前林业碳汇项目在探索实践过程中普遍面临机制体制不完善、减排量科学核算核证难、减排量交易难等问题。其中健全林业碳汇制度、引入第三方机构核算减排量、进行网上公开竞价等措施为当前我国林业碳汇创新发展提供了有益的参考。

广东省发展和改革委员会

粤发改气候函〔2018〕3215号

广东省发展改革委关于同意花都区梯面林场等4个碳普惠项目减排量备案的函

广州、东莞市发展改革局（委）：

你们《关于申报广东省碳普惠核证减排量的请示》（穗发改报〔2018〕309号）、《关于申报松山湖易事特东莞职业技术学院屋顶1.6642MWp分布式光伏发电项目为省级碳普惠核证减排量的函》（东发改函〔2018〕666号）、《关于申报深瑞综合能源石碣镇台达电子一期808.92kWp分布式光伏发电项目、东莞大朗镇康业投资有限公司483.84kWp分布式光伏发电项目为省级碳普惠核证减排量的函》（东发改函〔2018〕872号）收悉。

经审核，花都区梯面林场等4个碳普惠项目减排量符合相关要求，现准予备案为省级碳普惠减排量（见附件），并通过省级碳普惠减排量注册登记系统发放至项目业主。请按照《广东省发展改革委关于碳普惠制核证减排量管理的暂行办法》规定，做好碳普惠减排量管理及相关工作，遇到问题请及时向我委或省碳普惠创新发展中心反映。我委将视需要对相关项目进行抽查复查。

附件：花都区梯面林场等4个碳普惠项目减排量备案信息表

广东省发展改革委

2018年7月4日

公开方式：主动公开

抄送：省碳普惠创新发展中心，广州碳排放权交易所。

— 2 —

附件

花都区梯面林场等4个碳普惠项目减排量备案信息表

序号	项目业主	省级碳普惠减排量（吨 CO_2 当量）	项目类型
1	广州市花都区梯面林场（法人单位：广州市花都区梯面林场管理中心）	13319	森林保护
2	东莞市松山湖易事特东莞职业技术学院屋顶1.6642MWp分布式光伏发电项目（法人单位：易事特集团股份有限公司）	859	分布式光伏发电
3	东莞市深瑞综合能源石碣镇台达电子一期808.92kWp分布式光伏发电项目（法人单位：东莞长园深瑞综合能源有限公司）	164	分布式光伏发电
4	东莞市大朗镇康业投资有限公司483.84kWp分布式光伏发电项目（法人单位：东莞大朗镇康业投资有限公司）	425	分布式光伏发电

— 3 —

广东省发展改革委关于同意花都区梯面林场等4个碳普惠项目减排量备案的函

广东省林业局 / 供图

梯面之春

马心欢 / 摄

制定健全交易政策与规则，为林业碳汇交易提供制度保证

首先，制定符合广东实际的林业碳普惠方法学创新。在参与主体方面，广东省林业碳普惠方法学进行了创新，CCER机制规定的参与主体仅包括企业法人，这使得个体农户无法参与到碳汇交易市场中。区别于国家温室气体自愿减排交易机制下对林业碳汇类项目的规模以及开发业主的要求，广东省PHCER机制将参与主体范围放宽，不仅包括企业法人，还包括个体农户和村集体。同时，对于参与林地的规模也不做约束，可以极大地激励村集体与农户参与林业碳普惠，增加参与

广州碳排放权交易所碳排放权交易凭证

卖方	广州市花都区梯面林场管理中心		
买方	柏能新能源(深圳)有限公司		
成交编号	ED0000000472	成交时间	2018-08-12
产品代码	200001	产品简称	PHCER
交易方式	竞价	买卖方向	卖出
成交单价	17.06 元人民币	成交数量	13319 吨
项目名称	广州市花都区梯面林场项目		
成交总金额	227222 元人民币		
备注			

广州碳排放权交易中心有限公司
CHINA EMISSIONS EXCHANGE
2019 年 5 月 20 日

广州碳排放权交易所碳排放权交易凭证　　广东省林业局 / 供图

人群的规模。对于集体林的经营者，只需要有林权证确保林地边界清晰，就可以参与交易，从而实现小规模开发，增加林业碳普惠交易的受益人群，真正实现农户增收、共享绿色发展红利。对于碳汇造林方法学，在土地基线设定方面，区别于《京都议定书》中的清洁发展机制规定以及温室气体自愿减排交易机制中规定，广东省PHCER机制充分考虑广东省良好的水热条件导致的树木生长周期短的实际情况，将参与的林地设定为2015年1月1日以来的无林地。计入期也随之调整为10年，且减排量产生时间不得早于2015年1月1日。

随后，建立并完善广东省林业碳普惠交易的规则。受广东省发改委委托，2017年7月，广州碳排放权交易所出台了《广东省碳普惠制核证减排量交易规则》，对碳普惠制核证减排量交易的标的和规格、交易方式和时间、交易价格涨跌幅度和资金监管、交易纠纷处理等进行了明确规定，并同步建成了广州碳排放权交易所碳普惠制核证减排量竞价交易系统。林业碳普惠汇制核证减排量交易机制的健全完善，为广东林业碳普惠项目探索实践奠定了坚实基础。

引入第三方机构参与核算，简化交易程序

为降低林业碳汇的交易成本，广东省对林业碳汇交易过程进行了简化。

一方面，在监测与核算的基线数据上，主要来源于林业部

门二类调查数据或持续更新的森林资源档案数据，以及三类调查数据，简化了交易的程序。在基线测定上，区别于以往每个项目在开发前需要去做前期的植被调查得到基线，广东省林业碳普惠方法学中的基线是以2011年广东省不同类型森林平均单位面积碳储量变化量作为基准值，如森林保护碳普惠项目是生态公益林的基准值为3.3247吨CO_2/（公顷·年），森林经营碳普惠项目是商品林的基准值为2.6856吨CO_2/（公顷·年）。

在监测与核查实施时，引入第三方机构核算减排量。林业碳普惠项目减排量核算工作政策性强、专业要求高，一般林业经营主体难以自行核算。花都区梯面林场林业碳普惠项目在2018年2月正式启动后，通过委托第三方机构——中国质量认证中心广州分中心为项目开发机构，对其权属范围内约1820公顷生态公益林在2011—2014年产生的林业碳普惠核证减排量进行核算。从蓄积量判断，该生态公益林地块上蓄积量最多的优势树种是杉木，其次是马尾松与湿地松。此外，本土阔叶树种如黎蒴与荷木的蓄积量也较高。中国质量认证中心广州分中心的核算结果表明，项目林地年平均碳汇增长速率超过5.0吨CO_2当量/公顷，高于全省公益林平均水平（3.3247吨CO_2当量/公顷）；在扣除全省基准值后，项目共计产生林业碳普惠核证减排量13319吨二氧化碳当量。上述林业碳普惠核算减排量经广州市发改委初审，并最终于2018年7月在广东省发改委成功备案，从项目启动到成功备案仅仅5个月时间。

另一方面，前期项目开发所需要请的第三方的费用由第三方开发者与项目业主自行商谈决定，但林农必须要获得收益的75%以上，主要采用交易成功后按每吨多少钱的形式进行核算。因此，对于集体林经营的农户而言，只要有意愿，有林权证，通过委托的第三方进行核算，再经市级、省级主管部门的备案，再经核证后委托广州碳排放权交易所进行拍卖就可以获得收入。

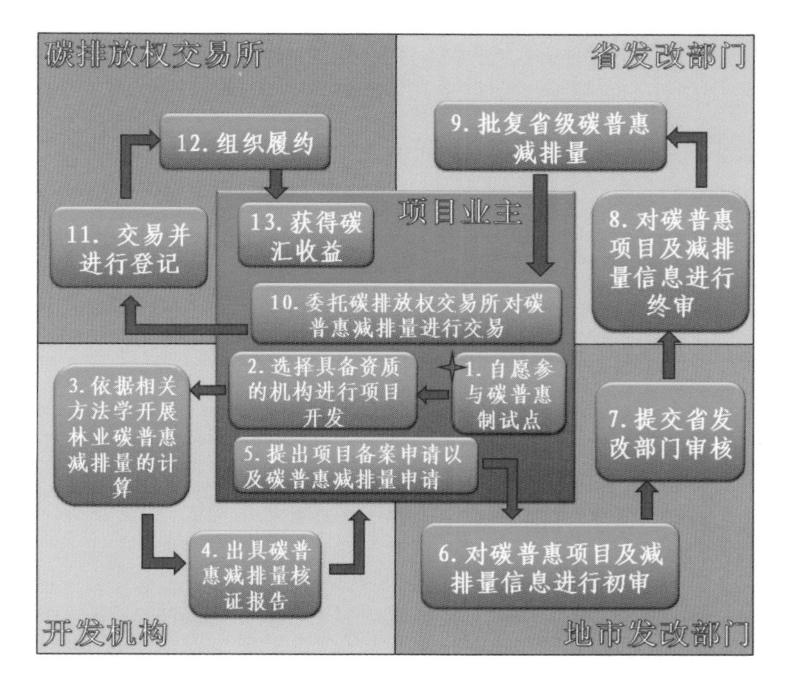

广东林业碳普惠减排量开发流程[1]

[1] 来源于中国碳汇交易网，见http://www.tanpaifang.com/tanhui/2018/1126/62507_3.html

建立竞价交易系统，通过网络公开竞价

健全完善的碳普惠项目减排量交易机制，是影响碳普惠项目发展的一项重要机制安排。根据《广东省碳普惠制核证减排量交易规则》，受项目业主花都区梯面林场管理中心委托，广州碳排放权交易中心于2018年8月举行了广州市花都区梯面林场林业碳普惠项目（PHCER）竞价活动。该项目竞价底价根据竞价公告日前三个自然月广东碳市场配额挂牌价加权平均成交价的80%而确定，价格为12.06元/吨。凡具有自营或公益资质的广碳所个人和机构会员可参与竞价。竞买人需提前完成交易账户开户、报名申请等相关手续。经统计，此次竞价共有10家机构和个人会员参加，成功竞买人数量为1家，最终成交价为17.06元/吨，高出底价5元/吨，购买方为柏能新能源（深圳）有限公司。通过公开竞价的方式，可以为林业碳普惠项目开发方带来更高的交易收入。

广东生态林碳普惠实践卓有成效

梯面镇按照区整体布局要求，从自身的发展定位出发，坚持“面上保护，点上开花，在保护中开发，在开发中更好地保护”的思路，充分利用水绿山青的良好条件开发林业碳普惠项目，向生态要收益，实现了绿色经济的持续发展。此外，广

东的实践为全国碳市场的建设提供了非常重要的借鉴意义。

“盘活”沉睡的绿色资产，惠益山区林农

对于广州市花都区梯面镇村民而言，“绿水青山就是金山银山”的理念深入人心。过去村民不知道保护好森林资源还可以给自己创造收益，现在通过参与生态林碳普惠项目，大家都以切身经历了解了“绿色金融”的概念。从前只能发挥生态效益的梯面林场，林业经营主体除每年拿到一定数额的补偿金外，不能流转、抵押融资，极大限制了生态林业的发展。花都梯面公益林碳普惠项目的成功落实，成功盘活了“沉睡”的绿色资产，让林场再次成为梯面镇民众的“富

百里山涧飘彩云　　关振伦 / 摄

春到红山村　关振伦／摄

矿”。碳普惠交易的成功实施也提高了公益林的经济效益，完善了市场化林业生态补偿机制，实现了生态保护和农村经济发展“双赢”。

“牵手”绿色产业项目，增强碳汇功能

花都区梯面林场3万亩碳汇林只是万里长征迈出了第一步，首个碳汇林“试水”成功也为梯面镇继续发展绿色林业经济带来了信心，极大激发了林业经营主体抚育公益林、发展林下经济等林业生产和其他生产经营方面的积极性。此外，碳汇林的收益取之于林也用之于林，在促进林业经济发展的同时也不断促进森林生态系统碳汇功能的增强。据梯面镇党委书记介绍，碳汇林交易带来的约20万元收益还被用于林地保护，比如

防火带建设、防火设施添置、防火员技能培训等。因此，广东生态公益林碳普惠制项目探索出了一条实现林业生态效益价值化的有效路径，还有助于增加森林面积及碳汇储备，加快森林恢复进程，提高森林吸收和储存二氧化碳的能力，切实增强林业生态系统的减碳、增汇功能。

碳普惠与碳交易有机结合，促进市场健康发展

梯面镇首次“碳普惠”的实践，实现碳普惠与碳交易有机结合，其经验推广还有利于促进林业碳汇交易市场的发展。据了解，截至2021年4月，广东省林业碳普惠项目已成交17项，总成交量为927259吨，成交均价为24.92元。林业碳普惠交易作为广东省碳普惠交易制度的重要组成部分，其核证减排量方法学和交易机制得到了健全与完善。目前，广东省林业碳普惠交易机制涵盖了林业碳汇项目的开发、减排量核证、市场交易等全流程操作机制。通过碳普惠交易机制交易的林业碳汇可以进入碳排放权交易市场，为控排企业抵消碳排放，从而拓宽了广东省林业经营主体的收入来源，促进了林业经济的发展。同时，林业碳普惠交易的发展也进一步扩大了碳交易市场的供给能力，不仅有益于增加控排企业的产品购买选择，碳普惠制也有益于满足其他群体和个体碳汇购买的需求，促进碳市场的发展。

文 © 周伟

重庆生态补偿机制，实现生态与发展“双赢”

重庆，一座由山和江而成就的城市，两江交汇见证了重庆城市崛起。

作为长江上游重要生态屏障的最后一道关口，重庆对于长江中下游生态安全承担着不可替代的作用，在全国生态格局中肩负着重大责任。

重庆依山傍水，境内四分之三都是丘陵和山地，长江穿流而过，因此又有山城、江城之名。“名城危踞层岩上，鹰瞵鹗视雄三巴”，这是张之洞眼中的重庆；“上下难分屋是楼”“出门无处不爬坡”，这是张恨水笔下的重庆；“重庆是一座让导航也迷路的城市”，这是很多人初到重庆的感受。

山与水给重庆带来了天然的保护屏障和秀丽的自然风光，同时也是重庆发展的重重阻碍。

渝东北大巴山区的城口县素有“九山半水半分田”之称，2021年森林覆盖率72.8%，先后获得“中国生态气候明

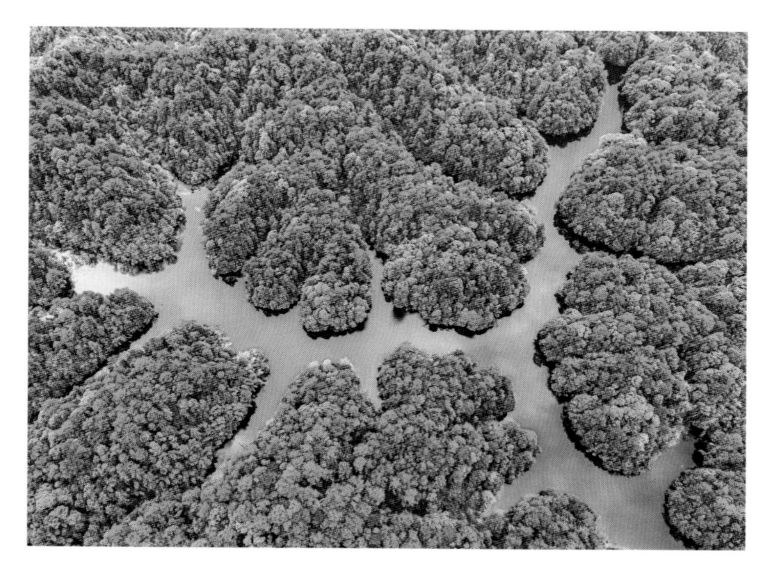

重庆市綦江区长田自然保护区　　刁永华／摄

珠”“中国老年人宜居宜游县”“大中华区最佳绿色生态旅游名县”“全国森林旅游示范县”“国家生态原产地产品保护示范区”等称号。渝东南武陵山区的黔江区是山清水秀“美丽地”，2021年森林覆盖率64.9%，先后获得“国家生态文明建设示范区”“全国森林康养基地”等称号。但是这些地区经济欠发达。位于主城区都市区的江北区森林覆盖率仅为15.7%，经济却较为发达。守着绿水青山却过着穷日子成了大巴山区和武陵山区各区县的一块心病。

在同一个地方，相邻区县之间，森林覆盖率往往高低不

重庆大巴山国家级自然保护区

重庆市林业局／供图

一。怎样保障守绿造林区县的利益，怎样让受益的区县反哺守绿造林地区，实现共治共享？重庆给出了自己的答案。

生态环境，理应共享共治

从2018年开始，重庆市探索以森林覆盖率为指标的横向生态补偿机制，当年10月，重庆市政府办公厅印发《重庆市实施横向生态补偿提高森林覆盖率工作方案（试行）》，并提出到2022年要实现全区森林覆盖率达到55%。对完成森林覆盖率目标确有困难、增绿空间有限的区县可以向其他区县购买森林面积指标，并支付养护费用。改革激活了保护生态这潭春水，统筹了资源、资金，各方都不吃亏、都能受益。

"在产粮大县或是中心城区，用地本来就紧张，甚至无地可添'绿'，完成55%这一目标的难度较大。"重庆市林业局副局长王定富介绍说，随着荒山基本实现绿化，可用于大面积造林的土地开始变得越来越稀缺，"一些地方更加不愿把有限土地用于造林。"而对于森林覆盖率指标高、绿化潜力大，地处大巴山区和武陵山区的区县，经济又相对落后，无钱大面积造林绿化。

"有的区县认为，我们这里种不了树，无更多的地来种树，植树造林和我们这里没多大关系。我们设计这个机制，就是希望依据森林法有关规定，落实地方政府有责任提高本辖区森林覆盖率的要求，所有区县都共同担负起国土绿化植树造林责任。”重庆市林业局主要负责人介绍道。同时，要让对生态作出贡献的区县得到应有回报，缓解当地财政压力，实现资源最优配置，最终提高整体的森林覆盖率。生态保护和治理不应该只是部分有绿化空间的区县来负责，所有享受生态红利的地区都应该积极参与进来共享共治。

横向补偿，就要取长补短

“重庆有8个区县是国家划定的产粮大县或菜油主产区，有7个区县既是产粮大县又是菜油主产区，这些区县（不包括国家重点生态功能区县）为国家粮油安全作出了贡献，在方案上如何体现这部分区县的利益，成为方案调研过程中重点考量的因素。”重庆市林业局资源处负责人说。

为此，方案根据全市的自然条件和主体功能定位，将38个区县到2022年年底的森林覆盖率目标划分为三类：8个属于产粮大县或菜油主产区的区县为不低于50%，7个既是产粮大县又是菜油主产区的区县不低于45%，其余23个区县不低于55%。

同时对出售森林面积指标的区县也立了标准。“不是谁想卖就能卖，我们要求扣除交易指标后，其自身森林覆盖率不得低于60%才可以，不能无限度地售卖。”重庆市林业局资源处负责人说。

构建平台，自愿交易

无规矩不成方圆。在森林横向生态补偿机制建设之初划定“红线”，搭建了交易平台。

能交易的指标是2012年以后人工造林形成的符合国家标准的森林，天然林要剔除。指标交易并非“坐地生财”，而是要“勤劳致富”，依靠新增森林指标去“赚钱”。

需购买森林面积指标的区县与拟出售森林面积指标的区县进行沟通，根据森林所在位置、质量、造林及管护成本等因素，协商确认森林面积指标价格，原则上不低于1000元/亩；同时，购买方还需要从购买之时起支付森林管护经费，原则上不低于100元/（亩·年），管护年限原则上不少于15年，管护经费可以分年度或分3~5次集中支付。

交易双方对购买指标的面积、位置、价格、管护及支付进度等达成一致后，在重庆市林业局见证下签订购买森林面积指标的协议。交易的森林面积指标仅用于各区县森林覆盖率目标值计算，不与林地、林木所有权等权利挂钩，也不与各级造林任务、资金补助挂钩。

定期监测，强化考核

加强资金监管，要全部用于森林资源保护发展，严禁挪用。

“如果一些区县只是靠现成植被赚一笔钱，然后拿作其他用途，那就违背了‘少绿区县’出钱、‘富绿区县’造林的初衷。”王定富副局长说。

2020年9月，石柱县向南岸区出售9.2万亩森林面积指标，补偿金额2.3亿元。

“这2.3亿元的资金不允许乱用，要根据规定专项用于石柱县的森林资源综合保护。”石柱县林业局资源管理科科长隆文杰说。

对于森林指标交易金，重庆市林业局将定期监督，审计部门进行审计，确保交易资金用于植树造林、资源保护。

“在城口县，马尾松较为常见，三五年的还只是幼林，需要用二三十年时间培育管护才能生长为成熟林。交易资金花在这些方面，才能有效帮助城口新增森林资源。”城口县林业局负责人说。

协议履行后，由交易双方联合向重庆市林业局报送协议履行情况。除了资金监督，重庆市林业局负责牵头建立追踪监测制度，加强业务指导和监督检查，督促指导交易双方认真履行购买森林面积指标的协议，完成涉及交易双方的森林面积指标转移、森林覆盖率目标值确认等工作。重庆市林业局定期监测各区县森林覆盖率情况，对森林覆盖率没有达到目标的区县政府，将提请市政府进行问责追责。

生态资源“变现”，搅动绿化的春水

如何充分挖掘良好生态蕴含的经济价值，让生态成为重要的生产要素，让良好生态成为经济社会可持续发展的有力支撑，横向生态补偿提高森林覆盖率机制成了一种有益探索。

2019年3月，江北区与酉阳县签订重庆首个以森林覆盖率为指标的横向生态补偿协议，成交7.5万亩森林面积指标，成交金额1.875亿元。

2019年11月，九龙坡区与城口县成交1.5万亩森林面积指标，成交金额3750万元。

2019年12月，南岸区（重庆经开区）与巫溪县成交1万亩森林面积指标，成交金额2500万元。

2020年9月，南岸区与石柱县成交9.2万亩森林面积指标，成交金额2.3亿元。

2021年6月，西部科学城重庆高新区与黔江区成交8.46万亩森林面积指标，成交金额2.115亿元。

2021年9月，璧山区与巫溪县、酉阳县分别成交2万亩森林面积指标，共4万亩，成交金额1亿元。

2021年11月，璧山区与城口县成交4.57万亩森林面积指标，成交金额1.1425亿元。

……

横向森林生态补偿机制实施以来，全市共签约8单横向

重庆大巴山国家级自然保护区　　重庆市林业局 / 供图

生态补偿协议，总交易森林面积指标36.23万亩，总成交金额9.0575亿元。

2021年重庆森林覆盖率统计数据显示：2021年，重庆森林覆盖率达到54.5%，比2018年增长6.2个百分点，位居西部第四名、全国第十名，实现连续4年高速增长。

森林覆盖率的高速增长离不开横向森林生态补偿机制的实施，几年来，通过实施该项机制，充分调动了各区县政府保护和发展森林资源的积极性，促进了全社会广泛参与林业生态建设的局面，生态优先、绿色发展的路子越走越宽。

“多种树多赚钱，那我们继续种！”朴实的话语成为不少

璧山区与酉阳县生态补偿协议签约仪式　　重庆市林业局／供图

贫困区县的共同心声。

2018年，城口县森林面积达330多万亩，森林覆盖率72.1%。为了保证指标够用，城口县决定加大力度植树造林。2021年达到了72.8%，位居全市森林覆盖率榜首。但城口县并不是天然就适合造林的。“城口地处大巴山区，岩石多而土层薄，造林成本不低。有些地方，种树首先要培土，从外面运土覆盖，树才能活。”城口县林业局负责人说。城口县财力薄弱，森林生态补偿制度推行后，城口植树造林的底气更足了。在首笔交易中，除去森林管护费，城口县将6070万元全部用于造林。多出的绿地又能为他们带来经济效益，何乐而不为！

同时，对一些需要购买指标的区县，资金压力促使他们深挖潜力、植树造林。

2018年，江津区森林面积198.53多万亩，森林覆盖率41.1%。为了达到2022年森林覆盖率50%的尽责目标，江津区决定加大力度植树造林。这几年，江津区森林覆盖率不断上升，2021年达到了51.8%，三年间增长了10.7%。

不少干部坦言：“我们也有财政压力，与其花钱买，不如自己在郊区再‘挤挤牙缝’，挖掘自身的潜力。”

渝北区现有森林覆盖率离目标值有较大差距。为了完成森林覆盖率约束性指标，渝北区将大规模国土绿化提升行动与乡

重庆市彭水县摩围山风景名胜区峰林和树林环抱的情人谷　　重庆市林业局 / 供图

重庆市綦江区老瀛山自然保护区

刁永华 / 摄

村产业振兴结合起来，决定新建10万亩特色经果林和10万亩生态林。为了造林，渝北区四处寻找“边角地”，在干线公路、农村道路和水系旁大量种植行道树、护岸林和水源涵养林，场镇周边、农村房前屋后也种上了树。

“各方都不吃亏、都能受益”，不仅调动了各区县生态保护的积极性，也让对生态作出贡献的区县得到了应有回报，真真切切实现了生态与发展“双赢”。

既要生态美，也要百姓富

重庆众多经济欠发达区县地处大巴山区和武陵山区，森林覆盖率高，绿化潜力大，既是横向生态补偿森林面积指标的出售方，也是乡村振兴的主战场。通过建立地区间横向生态补偿机制，“富县”购买森林面积指标后，“穷县”不仅可以利用成交的生态补偿资金大力发展壮大特色经济林，进一步巩固脱贫攻坚成果，还能聘请护林“保姆”巡山护林，实现贫困户就近就业，增加收入。同时，充分利用丰富的生态资源，大力开发生态产品，发展森林人家和生态旅游，让生态效益转化为经济效益和发展优势，推动实现生态美与百姓富融合共生。

横向生态补偿提高森林覆盖率协议签订后，出售方要聘请护林“保姆”巡山护林，并由购买方支付管护费。

黔江区新华乡中安村的王昌翠就是其中的一名巡林“保

姆”。因为要照顾腿脚不方便的婆婆和看护上小学的孩子，只能在家务农。有了护林任务后，她每天都要到管护区域走走看看，防止牛羊啃咬树苗或者有人乱砍滥伐，发现病虫害或火情苗头，及时报告。有时也利用邻里红白喜事聚会时宣讲森林防火、林业政策等。

“家门口护林，每年要挣5000元，既照顾了老人和小孩，也帮助老公挣钱养家。”王昌翠十分开心。

环境好起来了，游客也就多了。

城口县东安镇兴田村村民赵永兰因车祸左脚粉碎性骨折，长期在外务工的丈夫也因此放弃工作回家照顾她。家里入不敷出，成了建卡贫困户。看着村里营业的大巴山森林人家生意火爆，再加上市里、县里、乡里都有补助，赵友兰心里“痒痒”起来，将住房改造成了森林人家。

“没想到，生意这么好！”赵友兰的森林人家在40多天的暑期，靠着8间客房和餐饮就纯收入5万余元，不少游客把第二年的房间都预定了，一订就是一个月。

房间不够住啊！尝到甜头的赵友兰，赶紧又借钱扩大了森林人家的规模，客房增加到16间。近年来，随着亢谷4A级景区的创建和建设，赵友兰家迎来了更多的游客，更加激发了这位大山深处淳朴农民对创造美好生活的奋斗激情。

文 ◎ 魏程光

安庆市林长制智慧平台
助力实现“林长治”

“长江万里此咽喉，吴楚分疆第一州。”坐落于安徽省西南部的安庆市北枕龙山，南临长江，西依皖河，东接石塘，破罡诸湖，狮子山、凤凰山、菱湖、秦潭湖等镶嵌其间，整个城就像是一座大园林。胡缵宗远观安庆，写下了“青山下碧流，江树引舒州。千里轻帆外，层层见水楼”之句。安庆的自然风光可见一斑。无怪乎东晋诗人郭璞称赞“此地宜城”。

安庆还有“文化之邦”“戏剧之乡”“禅宗圣地”的美誉。是《孔雀东南飞》及“大乔小乔”“不越雷池一步”“六尺巷”等著名故事的发生地，是统治中国文坛二百余年的“桐城派”的故里，是以京剧鼻祖程长庚为代表的徽班成长的摇篮，是黄梅戏形成和发展的地方，也是中国新文化运动先驱陈独秀、佛教领袖赵朴初、道教领袖陈撄宁、“两弹元勋”邓稼先、中国“计算机之父”慈云桂、“将军外交家”黄镇、“杂技皇后”夏菊花、通俗小说大师张恨水等杰出人物的故乡。古

岳西县明堂山月亮岩绚丽秋色　　安庆市林业局／供图

皖文化、禅宗文化、戏剧文化和桐城派文化在这里交相辉映，形成了独具特色的地域文化。各种文化生态，留下了大量的历史文化遗存。

这样一座历史悠久、文化丰富、山清水秀的城市，即使是在今天依然用智慧的头脑不断开拓创新，守护着这块宝地。

安庆市位于大别山南坡，土地总面积153.98万公顷，森林资源丰富，林业用地59.76万公顷，有林地面积52.95万公顷，林木总蓄积量2010.36万立方米，是安徽省最重要的林区之一，也是安徽省经济发展比较落后地区，经济基础薄弱。

林业作为生态文明建设的主阵地，是践行“绿水青山就是金山银山”理念的重要领域，在保护修复生态环境、改善民生福祉、繁荣生态文化等方面发挥着至关重要的作用。在发展经济和保护生态的双重压力下，安庆市没有退缩，反而走出舒适圈，开始了探索“林长治”的林长制改革之路。

安庆市所进行的林长制改革正是生态文明建设在林业领域改革的突破口，是践行人与自然和谐共生的基本方略，是推进山水林田湖草系统治理和综合利用的重大举措，是落实生态优先、绿色发展理念的内在要求，是激发林业活力、实现生态惠民、增进民生福祉的具体行动，是构筑生态保护和绿色发展责任体系的制度保障，有助于地方政府率先转变职能，促进部门

安庆市林长制市级四大试点示范工程之一
——太湖县芭茅山改造工程（改造后）　　安庆市林业局／供图

联动，为高效发挥林业在生态文明建设中的重要作用提供有力保障。

长期以来安庆市林业信息化基础薄弱，林业综合管理仍然依靠“人防”为主，采用“人海战术”，但盗伐、偷猎、森林火灾等涉林事件仍时有发生，林业治理能力和现代化水平不高。尤其是2014年1月，安庆市多地因祭祀用火，发生多起森林火灾，造成了巨大的经济和生态损失。安庆市痛定思痛，在不断加强林业综合监管的同时，开始加大林业信息化投入力度，开启林业“科技化”“智慧化”建设之路。2014年年底，安庆市建立全市森林防火综合实战指挥系统，通过114台大广角视频监控探头，初步实现了全市重点生态功能区域全天候监控，提高了森林防火预警能力。

2016年4月，习近平总书记考察安徽时强调：要把好山好水保护好，着力打造生态文明建设的安徽样板，建设绿色江淮美好家园。2017年3月，安徽省提出探索建立林长制，落实以党政领导负责制为核心的责任体系，确保一山一坡、一园一林都有专员专管、责任到人。2017年7月，安庆市在总结森林防火经验的基础上，主动作为，试点先行，率先探索实施林长制。

2018年，为破解林长制试点工作中目标模糊、任务不清、制度不全和保障不足等问题，安庆市立足当前、着眼长远，积极与国家林草局对接，邀请国家林草局规划院、国家林草局经济研究中心和中国林科院等顶级专家团队，在全国率先启动林长制实施规划编制工作，规划团队历时两个多月编制完成《安庆市林长制实施规划（2018—2020年）》（以下简称《规划》），《规划》经中国科学院院士唐守正和中国工程院院士尹伟伦领衔的专家评审会评审通过。《规划》遵循“全域覆盖、网格管理、做实下沉、群众参与”原则，构建“1+2+3”体系，“1”指1个总规，即《安庆市林长制2018—2020年实施规划》。“2”指2个专项，即林业产业发展规划和深化集体林权制度改革意见。“3”指3个配套，即评价指标、考核办法和智慧平台。规划围绕“护绿、增绿、管绿、用绿、活绿”五大任务，坚持“问题导向、示范引领、全程管控”的原则，建立可分解、可实施、可监测、可考核的指标体系。

安庆市林长制智慧平台是林长制实施规划的重要内容，是林长制改革的基础支撑，是林长制管理的创新举措，对于落实属地责任、实现“林长治”目标发挥着重要作用。安庆市林长制智慧平台，是在全国森林资源管理“一张图”的基础上，贯彻“数化万物，智在融合”的理念，采用大数据、云计算、互联网技术，以林长制管理的智能化、精准化、高效化为目标，搭建的直观可视、互联共享、上下协同、安全可靠的综合服务系统。平台实现了八大功能：

一是数据汇集　平台以最新林业“一张图”为基础，汇集林地更新调查成果，数据做到每年更新。每个山头地块的专业

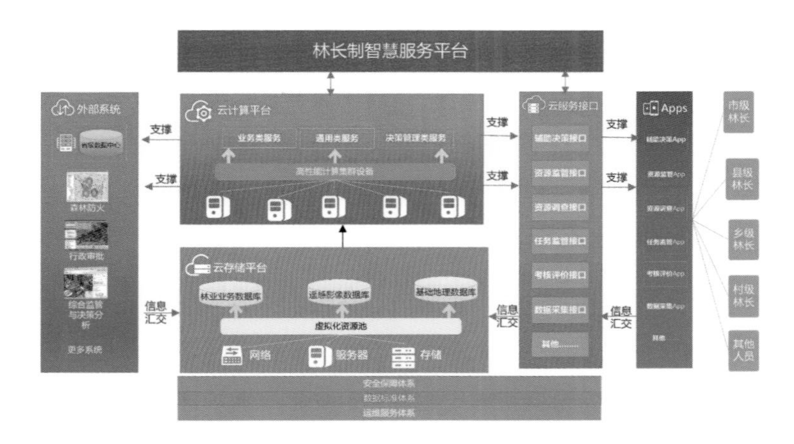

林长制智慧平台体系图　　　安庆市林业局 / 供图

信息都可点击查询。在空间规划的基础上，根据各区域的资源特点、区位条件和发展方向，区划成六大功能分区，即山地生态屏障区、河湖湿地保护区、沿江重点防护区、生态保护修复区、林业产业发展区和生态景观展示区。在平台的地图上可以直观地看到六大功能区的分布情况。

二是网格管理　按照林长制规划，安庆市划分了市、县、乡、村四级网格，大网格套小网格，全市共有四级网格3023个，每级网格均有林长负责，并配有技术员、警员、护林员，层层包保，责任到人。可以看到，随着地图缩放，在责任信息栏目，实时联动显示对应网格的所有林长、护林员、警员、技术员等信息。

三是任务落地　将2018—2020年三年内“护绿、增绿、管绿、用绿、活绿”等“五绿”任务细分到具体地块，落实至最小网格，点击每个网格可以查看“五绿”具体任务及完成情况，同时林长办内部可以通过平台上报任务完成进度，上级可以查询、审核、汇总下级任务完成数据。

四是业务协同　将巡护终端、业务终端、管理终端，通过互联网统一接入平台，配备移动App，实现不同层级的业务人员对同一业务的协同工作，让此平台真正成为管理调度平台。平台建设了巡护子系统，为护林员安装手机软件，巡护员可以把巡护中发现的问题通过图片、视频、文字反馈到智慧平台上，同时管理员可以分级下达工作指令，精准管理巡护人员。手机移动端也可快捷查询四级网格中林长及相关责任人信息、三年规划“五绿”目标任务及辖区内森林（湿地）资源情况。各级林长可以随时查看四级网格的目标任务信息，以及巡护员的巡护轨迹和上传事件，及时下达工作指令。

五是及时监管　平台汇集卫星影像数据，通过即时影像数据和往年卫星影像数据相比较，可以准确监测并反映森林、湿地动态变化，再与各类业务档案数据进行对照分析，能够快速判断非正常变化地块，达到快捷预警目的。

六是绩效考评　林长制考核分为市考核县、县考核乡、乡考核村三个层级。根据“五绿”任务目标完成及日常工作落实情况，在平台上自动生成考核结果，并按考核指标逐项打分，

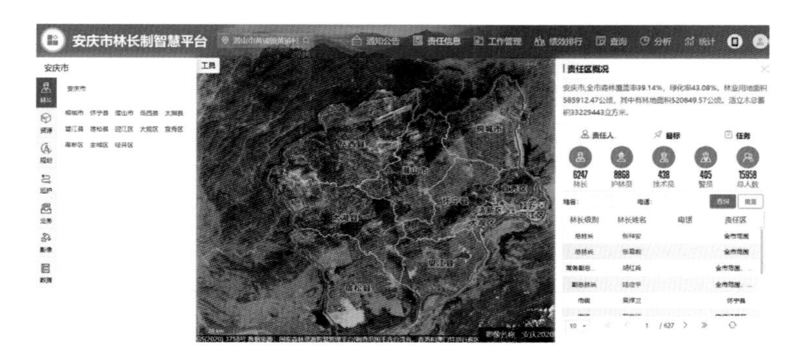

安庆市林长制智慧平台界面图　　安庆市林业局／供图

按照得分高低自动排行，准确开展日常评价和年终考核，为林长制量化考核提供准确依据。

七是公众参与　设置了1600多块林长制公示牌，全部定位至平台，显示出林长姓名、联系方式、责任范围、职责分工等信息，同时设置二维码。公众用手机扫描二维码，即可进入林长制公共监督平台。在平台上，公众可以咨询、诉求、投诉，实现互动交流和信息反馈，业务管理人员可以在平台上进行答疑和提供业务指导。

八是应用扩展　平台目前开发了抚育、造林和林权管理及森林监管、林地变更等业务功能，实现数据互联互通，提高管理与指挥效率。目前智慧平台上已集成了森林防火智能管理系统、有害生物智能监测系统、古树名木信息管理系统、林权管理系统等功能，还有不同功能的手机App，实现了对森林防火、有害生物、古树名木、林权管理、资源调查、违法核实等方面的智慧化管理手段。

安庆市林长制智慧平台用活了全国森林资源管理“一张图”数据，通过“互联网+信息共享”与业务应用模式，架起了各级林长之间，林长与技术员、警员、护林员之间的信息通道，实现了多个年度遥感影像、各类资源调查数据、各种业务管理数据的融会贯通与开放共享，提供了在线分析、智能查询、精准统计服务，已经成为推动林长制改革的工作平台、强化林长制管理的调度平台、实施林长制考核的智慧平台。

随着林长制改革的深入推进，安庆市林长制智慧平台得到全市各地的广泛推广和运用，已然成为各级林长的“好助手”、技术员的“千里眼”、护林员的“千里马”。

岳西县地处大别山腹地，千米以上的高峰有69座，最低海拔只有64米，相对高差大，到处是峻岭深谷，自然条件恶劣，生态保护、林业生产条件艰苦，林业信息化手段落后，2019年推广使用林长制智慧平台以来，得到基层林业工作者的广泛好评。

技术员的“千里眼”　张俊是岳西县冶溪镇农业综合中心主任、林业工程师，他每天上班第一件事，就是打开安庆市林长制智慧平台，查看平台上出现的各种新情况，对需要处理的事件及时作出回应。有着30多年林业工作经历的他，随时了解辖区内森林资源情况，已经成为生活习惯。说起安庆市林长制智慧平台为林业工作带来的便利，50多岁的他感慨万千：“我负责的冶溪镇有94000多亩山场，过去要爬到深山老林调查核实，望山跑断腿，被蛇虫叮咬那是经常的事。现在打开电脑或者拿起手机，轻轻一点屏幕，有不同时间的‘卫片’对比，随时勾画林地小班，全镇林情清清楚楚，就像给我们基层林业工作人员配上了一双‘千里慧眼’，搞林业工作比过去轻松多啦。”由于基层林业技术服务好、工作成绩突出，2021年张俊获评“安庆市林长制优秀技术员”荣誉称号。

通过平台，技术人员可以主动发现并及时处理森林火险、野生动物保护、森林病虫害等问题，实现上下联动、资源共享的林业治理新手段。

护林员的“千里马”　平台建设了巡护子系统，具备护林员信息管理、上班考勤、巡护线路管理、事件上报等功能，全市6006名护林员在手机上安装了巡护App，巡护员可以把巡护中发现的问题通过图片、视频、文字反馈到智慧平台上，同时管理员可以分级下达工作指令，精准管理巡护人员。

“过去，我们在巡护中遇到乱砍滥伐、塌方倒树、有害生物、野外用火、兽夹陷阱等情况时，都是打电话报告或者返回当面汇报，许多情况就难说清楚，也不能保存证据。现在方便多了，直接在手机App上就可以拍现场照片、录制视频上传到平台，或者现场视频通话，所有信息都能实时上报了。”荣获

通知公告
护林员
事件
轨迹
考勤
统计
管理
破坏林地
太湖县
吴泽未
刘永松
宿松县
20 km
GS(2020) 3758号 数据来源：国家森林资源智慧管理平台(调查范围不含台湾省、香港和澳门特别行政区，以及南海诸岛)

护林员巡护系统图

系统
安庆市
实时事件
28
排行榜
吴同
工具
图层
桐城市
余文格
10
14
迎江区
我的巡护
我的巡护
望江县
9
30.554

安庆市林业局 / 供图

“全国最美生态护林员”称号的古坊乡护林员汪咏生在所管辖的林地巡护时说。“巡护时长3小时36分钟，巡护里程8.5千米……”汪咏生的手机上安庆巡护App全程记录了他的巡护轨迹，也帮助他处理巡护中发现的问题，每日巡山时线上实时实地打卡、自动定位经纬度，一旦发现野外违规用火或破坏森林资源的行为直接远程视频，第一时间向林长办报告，把现场情况传回系统平台中心。千里咫尺，比日行千里的宝马良驹更方便快捷，巡护效率因此大幅提高。

护林员护林防火巡查
安庆市林业局／供图

在安庆市林长制智慧平台上可以看到每位护林员巡护的实时轨迹，清楚地掌握每位护林员的到岗情况和巡护轨迹，对护林员发现的问题及时派人处理，真正做到了山头有人巡、后台有人盯、问题有人查、成效有人问，大幅提高了森林监管保护效能。

林长的“好助手”　“进入林长制智慧平台，大到森林资源分布状况，小到某一个林班的病虫害监测，一个实时的火情热点都能清晰可见。辖区内的任何情况都能随时掌握，时刻帮助我守护着全乡绿水青山的安全。”安庆市优秀林长，田头乡

林长使用平台App现场核查　　安庆市林业局 / 供图

副林长吴招应由衷地说。

推行林长制改革以来，安庆市坚持系统思维、破题攻坚，一年一个主题，一步一个脚印，抓试点、攻难点、出亮点，每年干成几件事，推动改革不断取得突破、见到成效。群众参与、社会认同的氛围基本形成，绿色发展理念深入人心，办成了一些实事，也解决了一些难题，安庆市林长制改革“六个一”改革模式初步形成，即：一个责任体系、一个规划体系、一个支持林业发展政策体系、一个林业智慧平台、一个地方性法规和一个林业科技支撑体系。安庆市林长制改革工

林长办人员检查平台信息　　安庆市林业局／供图

作走在了全省乃至全国前列，创新了多个全国第一或首创。“六个一”改革模式成功入选2020年安徽省十大改革案例，连续四年获安徽省落实重大政策措施真抓实干成效明显地方督查激励。

林长制智慧平台的应用，让安庆森林资源管护实现了从“人管”到“智管”的飞跃，安庆的森林生态功能大幅度增强，生态环境更加美好，助力了林业高质量发展，助推了乡村振兴。

文 ◎ 刘梦琦　孙玉萍

守护

绿水青山

Shouhu

Lüshuiqingshan

中国林草生态实践

守护
绿水青山

中国林草生态实践

下

国家林业和草原局宣传中心
主 编

中国林业出版社
·北 京·

图书在版编目（CIP）数据

守护绿水青山：中国林草生态实践：全 2 册 / 国家林业和草原局宣传中心主编 .— 北京：中国林业出版社，2022.8

ISBN 978-7-5219-1758-1

Ⅰ. ①守… Ⅱ. ①国… Ⅲ. ①森林生态系统－建设－中国 ②草原生态系统－建设－中国 Ⅳ. ① S718.55 ② S812.29

中国版本图书馆 CIP 数据核字（2022）第 115842 号

审图号：GS 京（2022）0479 号

出 版 人：成　吉
策划编辑：何　蕊　　杨长峰
责任编辑：许　凯　　刘香瑞　　杨　洋
执笔润色：李　静
宣传营销：王思明　　蔡波妮　　刘冠群
电　　话：（010）83143666

出版发行　中国林业出版社
（100009　北京市西城区刘海胡同 7 号）
书籍设计　北京美光设计制版有限公司
印　　刷　北京雅昌艺术印刷有限公司
版　　次　2022 年 8 月第 1 版
印　　次　2022 年 8 月第 1 次印刷
开　　本　880mm × 1230mm　1/32
印　　张　15.75
字　　数　320 千字
定　　价　128.00 元（全 2 册）

编委会

前言

党的十八大以来，习近平总书记站在战略和全局的高度，围绕林草工作发表了一系列重要讲话，作出了一系列重要指示批示，深刻指出，林草兴则生态兴，森林和草原对国家生态安全具有基础性、战略性作用；森林是水库、钱库、粮库，现在应该再加上一个碳库。赋予了林草工作鲜明的时代精神、理论内涵和实践特色，为推进林草工作高质量发展提供了根本遵循。在以习近平同志为核心的党中央坚强领导下，开展了一系列根本性、长远性、开创性的工作，林草领域发生了历史性、转折性、全局性变化，进一步夯实了实现中华民族伟大复兴的生态基础。

近年来，林草领域涌现出一批认真践行习近平生态文明思想的典型实践案例，鲜活展现了林草工作所取得的历史性成就与发生的历史性变革。林草系统立足实际，不断深入总结国土绿化、国家公园建设、防沙治沙、资源管护、生物多样性保护、生态富民等方面的成功范式，大力推广一批体现林草工作高质量发展方向、具有创新价值、代表地方特色，以及群众认可度高、示范效应强的典型实践案例，以生动展示习近平生态文明思想对林草工作的科学指导作用，呈现林草系统完整、准确、全面贯彻习近平生态文明思想的创新实践和鲜活经验。为了让广大干部学有榜样、做有标尺、干有激情、赶有目标，进一步凝聚起开创林草工作高质量发展新局面的磅礴力量，我们特策划编辑出版《守护绿水青山——中国林草生态实践》一书。

本书精选了塞罕坝机械林场的生态创业史、山西右玉沙地造林生态保护修复、甘肃八步沙林场防沙治沙、青海祁连山黑土滩治理、天津七里海湿地保护修复等30个全国林草生态实践的成果和经验，以图文并茂的形式，用鲜活的案例和生动的讲述让全国林草行业和社会各界更好地了解林草生态建设成就、经验和故事，让广大群众更加珍爱和保护我们赖以生存的自然环境，让人与自然和谐共生理念深入人心。

编委会

2022年6月

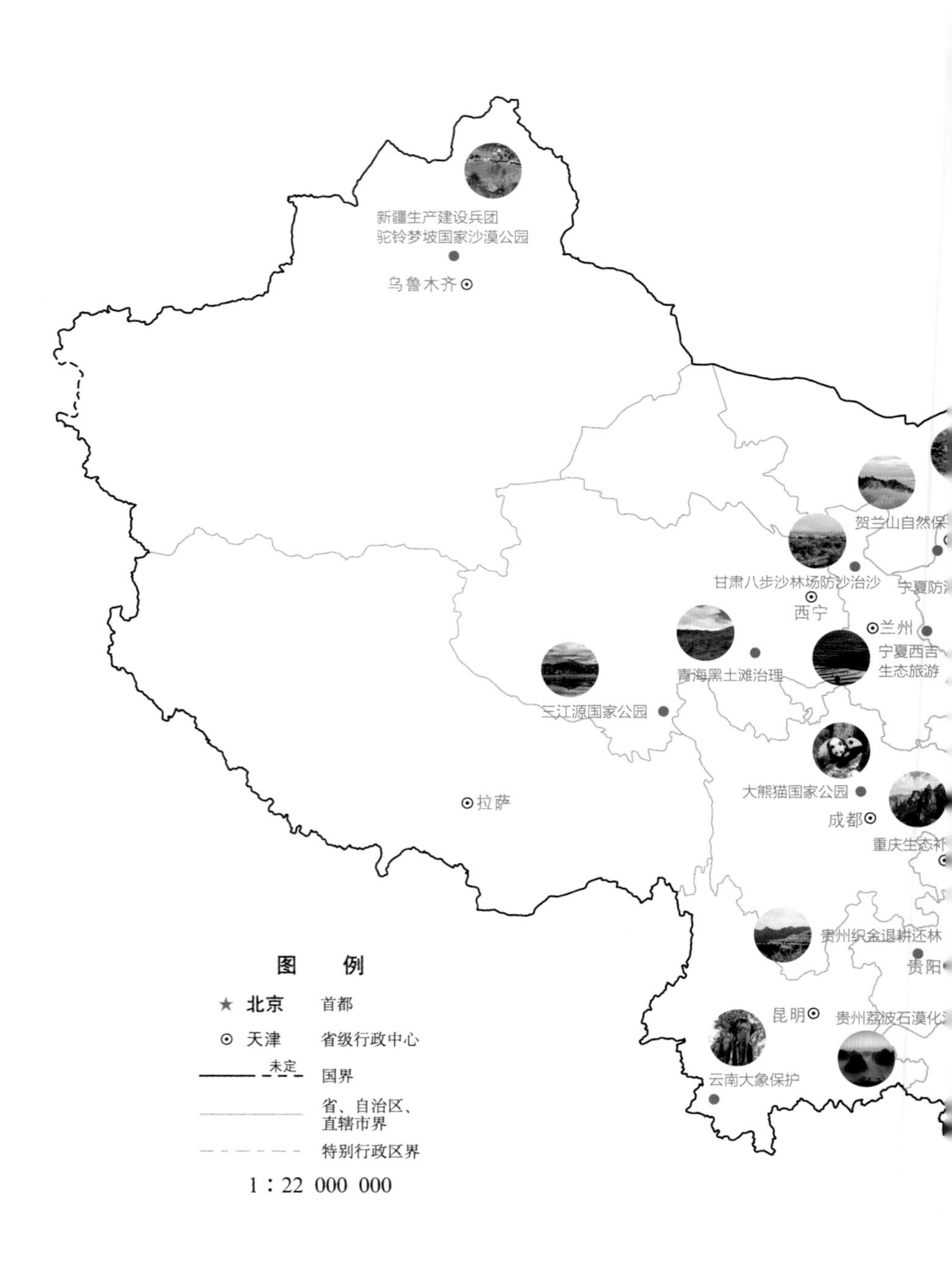

审图号：GS 京（2022）0479 号

林草生态实践案例分布

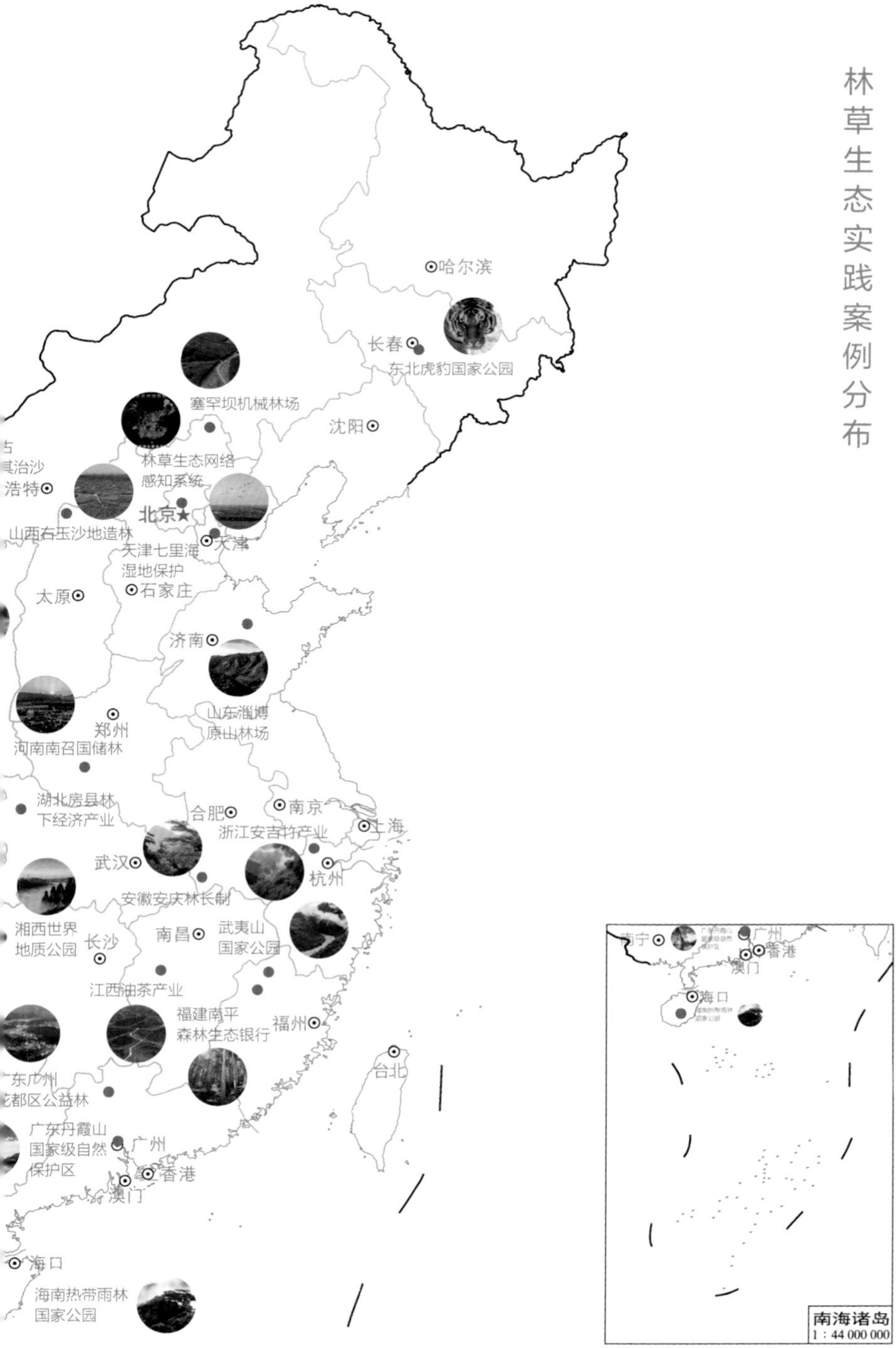

哈尔滨
长春
东北虎豹国家公园
塞罕坝机械林场
沈阳
林草生态网络感知系统
浩特
北京
山西右玉沙地造林
天津
天津七里海湿地保护
石家庄
太原
济南
山东淄博原山林场
郑州
河南南召国储林
湖北房县林下经济产业
合肥
南京
上海
浙江安吉竹产业
武汉
杭州
安徽安庆林长制
湘西世界地质公园
长沙
南昌
武夷山国家公园
江西油茶产业
福建南平森林生态银行
福州
台北
东广州
都区公益林
广东丹霞山国家级自然保护区
广州
香港
澳门
海口
海南热带雨林国家公园

南海诸岛
1：44 000 000

目录

上

㊀ 生态修护

㊁ 林草改革

下

㊂ 自然保护

㊃ 生态惠民

三 自然保护

守护“中华水塔”，一江清水向东流

——三江源开启国家公园建设新篇章

美丽而神秘的三江源，地处青藏高原腹地，是长江、黄河、澜沧江的发源地，素有“中华水塔”“亚洲水塔”之称。三大江河起源于同一区域的地理奇观，在这里向世人惊艳呈现。三江源区域内还有著名的昆仑山、巴颜喀拉山、唐古拉山等山脉，逶迤纵横，冰川耸立。这里平均海拔4500米以上，雪原广袤，河流、沼泽与湖泊众多，面积大于1平方千米的湖泊就有167个。

长江、黄河、澜沧江源头景色迷人，各具特色。长江源区以俊美的高山冰川著称；黄河源头湖泊星罗棋布，呈现“千湖”奇观，鄂陵湖和扎陵湖如两颗镶嵌在高原草地的明珠；澜沧江源头峡谷两岸不仅风光无限，更是高原生灵的天堂。

作为三大江河的源头，三江源的重要性不言而喻，因此对三江源的关注从未停止。三江源也有幸在亿万关注中成为我国第一批国家公园。

冬格措纳湖 赵金德／摄

2016年3月，中共中央办公厅、国务院办公厅印发《三江源国家公园体制试点方案》（以下简称《试点方案》），拉开了中国建立国家公园体制实践探索的序幕。习近平总书记非常关心和重视三江源国家公园建设，亲自审定《试点方案》，审阅了三江源国家公园形象标识，亲自到青海、西藏考察，对三江源国家公园建设提出指示要求，强调青藏高原生态地位重要而特殊，必须担负起保护三江源、保护“中华水塔”的重大责任，确保“一江清水向东流”。

三江源国家公园体制试点作为我国生态文明建设的一项系统工程、文明工程、基石工程，作为党中央顶层设计和青海省“摸着石头过河”的一项综合改革实践，没有现成模式可资借

黄河源湿地

多太 / 摄

鉴，没有成熟经验可以照搬，探索的艰辛和挑战不言而喻。

如今，三江源地区生态保护的系统性、完整性、联通性全面增强，生态环境质量持续提升，生态功能不断增强，三江源头再现千湖美景，“中华水塔”更加坚固丰沛，在确保“一江清水向东流”的同时，体制试点取得了丰硕的实践成果、制度成果、改革成果、惠民成果。2021年10月12日，习近平总书记在联合国《生物多样性公约》第十五次缔约方大会领导人峰会上宣布，中国正式设立三江源等第一批国家公园。

创新管理体制，有效破解“九龙治水”困局

青海省认真贯彻习近平总书记要求，在中央和国家有关部委的支持下，将三江源国家公园体制试点列为“头号”改革工程，成立了由省委书记、省长任双组长的领导小组，从省到县建立起了分工明确、上下畅通、运转高效、执行有力的领导机制，及时制定印发《关于实施〈三江源国家公园体制试点方案〉的部署意见》，提出8个方面、31项重点工作任务，形成了三江源国家公园建设的任务书、时间表、路线图。根据《试点方案》要求，从现有编制中调整划转409个编制，成立三江源国家公园管理局，组建省、州、县、乡、村五级综合管理实体，实现生态系统全要素保护和一体化管理，有效解决了管理体制不顺、权责不清、管理不到位和多

昂赛丹霞风光　　　　成林曲措 / 摄

三江源头草原秋色　　　　李友崇 / 摄

头管理等问题。一是形成了分工明确、协调联动，纵向贯通、横向融合的共建机制。三江源国家公园属中央事权，实行委托省级人民政府代管的模式。三江源国家公园管理局作为省政府派出机构，对三江源生态和自然资源资产实行一体化、垂直型、集中高效统一管理保护，有效调动了管理局和地方的积极性。二是组建成立三江源国有自然资源资产管理局和管理分局。积极探索自然资源资产集中统一管理的有效实现途径，完成自然资源资产确权登记前期工作，为实现国家公园范围内自然资源资产管理、国土空间用途管制“两个统一行使”和自然资源资产国家所有、全民共享、世代传承奠定了体制基础。三是对园区所在的4个县进行大部门制改革。

玛可河林场　　赵金德／摄

整合林业、国土、环保、水利、农牧等部门的生态保护管理和执法职责，设立生态环境和自然资源管理局（副县级）、资源环境执法局（副县级），整合林业站、草原工作站、水土保持站、湿地保护站等，设立生态保护站（正科级），对国家公园范围内的12个乡镇政府加挂保护管理站牌子，增加国家公园相关管理职责，全面实现集中统一高效的保护管理和执法，有效解决了“九龙治水”和执法“碎片化”问题。

提升治理水平，搭建国家公园“四梁八柱”

制度建设具有根本性、全局性、稳定性和长期性。按照符合中央要求、呈现中国特色的原则，经国务院同意，国家发展改革委公布了我国第一个国家公园规划——《三江源国家公园总体规划》，为其他国家公园规划编制积累经验、提供示范。在推进实施总规的基础上，编制完成了生态保护规划、生态体验和环境教育规划、产业发展和特许经营规划、社区发展和基础设施建设规划以及管理规划5个专项规划，三江源国家公园建设规划体系初步形成。颁布施行了我国第一个由地方立法的国家公园法律——《三江源国家公园条例（试行）》，明确了管理体制、机构设置、运行机制、职能职责、行政执法，为国家层面开展国家公园立法探索了路子、积累了经验。制定印发了科研科普、生态管护公益岗位、特许经营、预算管理等13个管理办法，

阿尼玛卿雪山

形成了“1+N”政策制度体系。成立了“三江源国家公园标准化技术委员会”，制定发布了管理规范和技术标准指南、标准体系导则、形象标志、标准术语以及生态管护规范、生态圈栏建设规范等地方标准，有效支撑了国家公园建设管理标准需要。

坚持保护优先，持续筑牢生态安全屏障

针对三江源国家公园内原有6类15个保护地人为分割、各自为政、条块管理、互不融通的体制弊端，坚持保护优先、自然恢复为主，遵循生态保护内在规律，尊重三江源生态系统特点，按照“山水林田湖草沙冰”一体化管理保护的原则，对三江源国家公园范围内的自然保护区、国际和国家重要湿地、重要饮用水源地保护区、水产种质资源保护区、风景名胜区、自然遗产地等各类保护地进行功能重组、优化组合，可可西里申遗成功，成为我国第51处世界自然遗产地，也是我国面积最

李友崇／摄

大、海拔最高的世界自然遗产地。

强化自然资源资产管理，以落实“主张所有、行使权力、履行义务、承担责任、落实权益”的所有者责任为主线，开展三江源国家公园全民所有自然资源资产所有权委托代理机制试点。加大生态保护修复工程建设，青海在三江源生态保护和建设一期、二期工程的基础上，累计投入61亿元，先后实施了一系列园区基础设施建设项目和生态保护修复项目。建立和完善三江源地区人类活动遗迹动态监管平台、人类活动台账，实行人类活动月报告制度。对矿业权和水电站进行了摸底排查，编制完成了《三江源祁连山自然保护区矿业权退出补偿工作方案》《黄河源水电站拆除工作方案》，对所有51处矿业权进行了注销，推动了生态修复成效明显好转。

国家发展改革委生态成效阶段性综合评估报告显示：三江源区主要保护对象都得到了更好的保护和修复，生态环境质量得以提升，生态功能得以巩固，水源涵养量年均增幅6%

长江马蹄湾 丁巴达杰 / 摄

斑头雁 多太 / 摄

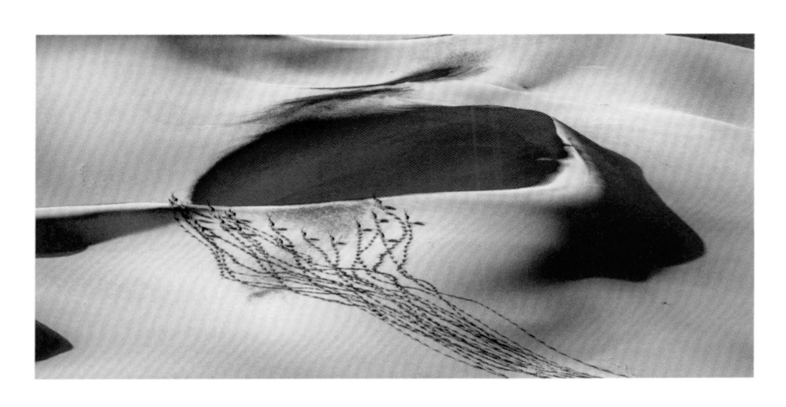

藏羚羊群　　赵新录／摄

以上，草地覆盖率、产草量分别比十年前提高了11%、30%以上。野生动物种群明显增多，藏羚羊由20世纪80年代的不足2万只恢复到7万多只。生态系统宏观结构总体好转，草地退化趋势继续逆转，生态系统水源涵养和流域水供给能力基本保持稳定，空气质量和地表水水质稳中向好。

强化数据采集，生态环境监测网络日益完善

认真贯彻习近平总书记考察青海提出的“保护生态环境首先要摸清家底、掌握动态，要把建好用好生态环境监测网络这项基础工作做好”的重要指示精神，与中国航天科技集团、中国三大电信运营商等建立战略合作关系，加强与省直部门数据共享，建成三江源国家公园生态大数据中心和覆盖三江源地区

灰鹤

重点生态区域的“天空地一体化”监测网络体系。开展重点湖泊生态综合监测应用系统建设，综合运用国产卫星“通导遥”等现代化技术手段，在索南达杰保护站实现周边近600平方千米“可见光+热成像”24小时全方位视频远程监控和数据的稳定传输，高标准、高质量完成可可西里工程应急生态环境动态监测、治理工作，有效化解了盐湖漫溢风险，同时也为动态了解野生动物种群现状、变化和栖息地状况提供了技术支撑。开展三江源自然资源和野生动物资源本底调查，建立资源本底数据平台，发布自然资源本底白皮书，完成《三江源国家公园野

杨玲 / 摄

生动物本底调查工作报告》，首次形成三江源国家公园陆生脊椎动物物种名录。精细绘制藏羚羊、棕熊、野牦牛、岩羊、雪豹、盘羊、狼、藏狐、藏野驴、藏原羚等优势兽类物种分布图及猎隼、金雕、胡兀鹫、鹗、黑颈鹤、大鵟、白肩雕等优势鸟类物种分布图，为科学保护野生动物提供基础数据。

加强宣传教育，用心擦亮大美青海靓丽名片

三江源是青海的、中国的，也是世界的。在第一届国家公

星星海 李友崇／摄

园论坛上形成的《西宁共识》极大地提升了三江源国家公园国际知名度，进一步促进了青海走向世界，为参与共同保护地球美丽家园、维护全球生态安全作出贡献。积极在外交部青海全球推介活动、新中国成立70周年庆祝活动、北京世界园艺博览会、“世界环境日”活动等舞台宣传推广三江源，三江源日益成为青海的靓丽名片和对外开放的金字招牌。多次协调组织人民日报社、新华社、中央电视台等省内外主流媒体联合开展“三江源国家公园全国媒体行”等大型采访活动，其中澎湃新闻网采写的《海拔4000米以上极致体验三江源国家公园》获得第29届中国新闻奖一等奖，引起全社会热烈反响。创建三江源国家公园影视作品、文创产品、公益广告等载体，高质量完成多部纪录片和广告片的摄制、播出，其中《中华水塔》荣获中国十佳纪录片奖和中国纪录片最佳摄像奖，2019年斑头雁直播活动被中央文明办、生态环境部评为“美丽中国·我是行动者”主题实践活动“十佳公众参与案例”。2020年，为配合国家公园正式设立工作，摄制反映三江源自然风貌、生物多样性、人文历史等大型纪录片《三江源》《三江源国家公园》，在中央电视台、青海卫视连续播出。按年编制《三江源国家公园公报》，并以省政府名义组织召开新闻发布会，及时向社会发布国家公园建设情况。制作《三江源国家公园进万家》汉藏双语形象宣传挂图、图册，向园区农牧民配发，群众主动保护、社会广泛参与、各方积极投入国家公园建设的良好氛围日益浓厚。

建设美丽家园，充分释放国家公园红利

积极探索生态保护和民生改善共赢之路，将生态保护与牧民充分参与、精准脱贫、增收致富相结合，多措并举实施生态保护设施建设、发展生态畜牧业，实现了生态、生活、生产“三生”共赢的良好局面。创新建立“一户一岗”生态管护公益岗位机制，1.72万名牧民持证上岗，年增收2.16万元；在园区53个行政村成立村级生态保护专业协会，发挥村级社区生态管护主体和前哨作用，促进了减贫就业，牧民从生态利用者变为守护者，成为民众参与保护、分享成果的成功案例。开设“三江源生态班”，招收三江源地区农牧民子弟在西宁第一职

可可西里　　赵新录／摄

业学校开展中职学历教育，在园区内外开展民族手工艺品加工、民间艺术技能等公益培训，极大地提升了农牧民综合素质。坚持草原承包经营基本经济制度不变，积极发展生态畜牧业合作社，引导扶持牧民群众以投资入股、劳务合作等多种形式，开展家庭宾馆、牧家乐、民族文化演艺、交通保障、餐饮服务等经营活动，使群众获得稳定长期收益。与实施乡村振兴战略相结合，加强对园区牧民转产转业研究，加快发展澜沧江源园区昂赛雪豹观察自然体验等4个特许经营项目，加快探索生态产品价值实现路径，使群众获得稳定长期收益，真正让“绿水青山就是金山银山”的理念扎根在三江源。

推动共建共享，大力提升社会参与度

坚持“全民共建共享”理念，统筹各类资源优势，建立科技联合攻关机制，与中国科学院合作组建中国科学院三江源国家公园研究院，同复旦大学达成了省校合作共建三江源国家公园人居健康研究院意向，积极配合第二次青藏高原综合科考工作，加强与长江水利委员会合作，为“守护好世界上最后一方净土”提供科技支撑。加大人才培养引进力度，柔性引进生态创新创业团队和紧缺专业人才、聘用生态保护高级专业人才，为三江源国家公园提供智力支持。加强生态保护合作，与三江流域省份和新疆、西藏、甘肃、云南等省份建立生态保护协作共建共享机制。与中国科学院、中国国际工程咨询有限公司、中国航天科技集团有限公司、世界自然基金会等组织建立战略合作关系。有序推进国际合作交流，加入中国“人与生物圈计划”国家委员会，成为全国第175个成员单位。与中国人民对外友好协会文化交流部签署战略合作框架协议，通过“走出去”“请进来”两条途径，与美国、加拿大、澳大利亚、俄罗斯、德国、瑞士、日本、韩国、斯里兰卡、南非、印度尼西亚、柬埔寨、古巴等近15个国家近百名大使、议员、专家及友好人士磋商生态文明改革和国家公园发展。与美国黄石、加拿大班芙等国家公园正式签署合作交流协议，与巴基斯坦国家公园在线上签署友好国家公园意向书，与厄瓜多尔、智利国家公园签署生态保护合作交流框架协议，围绕生态保护正式建立姊妹友好关系，分享国家公园建设管理经验，共同推进生态文明建设。积极参加在埃及举办的《生物多样性公约》第十四次缔约方大会，向世界展示三江源国家公园形象。

实现正式设园，开启国家公园建设新篇章

全面完成体制试点任务，确保正式设园，是青海省向党中央、国务院提交的一份满意答卷，也是向全国各族群众作出的庄重承诺。青海省主要领导牵头成立推动三江源国家公园设立工作领导小组，印发《推动三江源国家公园设立工作方案》，对设园工作作出具体部署。省政府多次召开专题会议听取汇报、部署工作、提出要求。三江源国家公园管理局设立重点工作作战信息室，全力开展“挂图作战”正式设园攻坚行动。三江源国家公园正式宣布设立后，国务院下发《关于同意设立三江源国家公园的批复》和《三江源国家公园设立方案》，将黄河源约古宗列及长江源格拉丹东、当曲区域纳入正式设立的三江源国家公园范围，区划面积由12.31万平方千米增加到19.07万平方千米，东至玛多县黄河乡、西接羌塘高原、南以唐古拉山为界、北以东昆仑山脉为界。涉及治多、曲麻莱、杂多、玛多、格尔木5县（市）15个乡镇以及青海省行政区划内、唐

楚玛尔河　　赵金德 / 摄

古拉山以北西藏自治区实际管理的相关区域，园区各功能分区间的整体性、联通性、协调性将进一步得到增强。建立由国家林草局（国家公园管理局）负责同志和青海省、西藏自治区负责同志为召集人的局省（区）联席会议机制，下设由国家公园管理局相关单位、专员办以及青海省、西藏自治区相关职能部门、国家公园管理机构和地方政府组成的协调推进组，明确局省（区）各方责任，形成齐抓共管的工作合力，推进国务院批复的《三江源国家公园设立方案》中各项工作任务细化落实。

面向未来，三江源国家公园会担负起保护“中华水塔”的重任，不断完善公园的建设和发展，向世界展示三江源头的风貌，讲述守护人的故事。

文 ◎ 王湘国

大熊猫的乐土，我们的家园

——大熊猫国家公园

若是让大家投票选出心中最喜爱的动物，大熊猫一定榜上有名。自带黑眼圈的大熊猫，以其憨态可掬的样子俘获了人类的芳心。大熊猫作为我国的国宝，在世界各地都备受瞩目，也是我国和世界各国交流的和平使者。

数十万年前，大熊猫曾遍布我国，广泛分布在长江、黄河和珠江流域。随着冰川时代的到来，大熊猫的栖息地急剧萎缩。目前野生大熊猫种群主要分布在秦岭、岷山、邛崃山、大小相岭和凉山山系。据全国第四次大熊猫调查报告，全国野生大熊猫种群数量为1864只。

大熊猫国家公园地形地貌十分复杂，地处岷山、邛崃山、大相岭和小相岭山系，跨四川、陕西和甘肃三省，整体地势为西北高东南低，最高海拔5588米，土壤类型有山地棕壤、黄棕壤、水稻土、潮土、山地褐土等。属大陆性北亚热带向暖温带过渡的季风气候区，森林覆盖率68.37%。

大熊猫国家公园佛坪管理分局内的大熊猫　　大熊猫国家公园管理局／供图

大熊猫国家公园生物多样性丰富独特，有野生大熊猫1340只，栖息地面积1.5万平方千米，分布有金钱豹、川金丝猴、红豆杉、珙桐等野生动植物8000余种，是全球生物多样性保护热点地区之一。大熊猫国家公园自然景观种类繁多，共涉及73个自然保护地，包括36个自然保护区、11个森林公园、5个地质公园、16个风景名胜区、2个国家级水产种质资源保护区、2个世界自然遗产、1个自然保护小区。国家公园内还分布有多条断裂带、地质遗迹（群）、原始林和高原湖泊、溪流瀑布，以及古栈道、长征革命纪念地、传统村落等，具有极高的科学研究、自然教育、生态体验价值。

大熊猫国家公园雪景　　大熊猫国家公园管理局／供图

大熊猫国家公园的建立对大熊猫意味着什么呢?

归还家园，守护大熊猫的生存空间

大熊猫国家公园在建设之初就秉持着尊重自然、顺应自然、保护自然的理念，为大熊猫及其伞护的动植物物种的生存繁衍保留了良好的生态空间。

随着天然林保护工程的开展和打击盗猎力度的加大，野生大熊猫受到的威胁少了很多。今天野生大熊猫濒危的主要原因是栖息地的破碎和缩小。野生大熊猫靠不断迁徙寻找高山翠竹，人类的道路建设和居住村落造成了大熊猫种群交流受阻，被分隔开的大熊猫种群将会面临近亲交配的危险，因此退耕还林、建立生态廊道是大熊猫栖息地保护的当务之急。

大熊猫国家公园2.2万平方千米的保护面积分为核心保护区与一般控制区。核心保护区是大熊猫主要栖息地，是维护现有大熊猫种群正常繁衍、迁移的关键区域，面积1.48万平方千米，占总面积的67%；有野生大熊猫1074只，占国家公园内野生大熊猫的80%。一般控制区是大熊猫活动的扩展缓冲空间和当地经济社会可持续发展的相关区域，面积7211平方千米，占国家公园总面积的33%。为了保护自然生态系统原真性和完整性，提高生态系统服务功能，严格保护大熊猫栖息地的连通性，最大限度地减少人类活动对栖息地生境的影响，大熊猫国家公园内管控十分严格。

大熊猫国家公园体制试点以来，栖息地采取自然恢复为主、人工恢复为辅的生态措施，持续恢复大熊猫栖息地植被、新建主食竹基地、建设生态廊道等8.4万亩。通过对居民点搬迁和种植养殖、矿山、小水电退出后受损退化迹地实施生态修复，加快栖息地“连通成片、变零为整”进度，为种群间交流创造有利条件。暂时不能搬迁的原住居民，总体上控制增量、减少存量，允许开展必要的种植、放牧、养殖等生产活动。

栖息地内正在逐步栽种松属、铁杉属以及云杉、冷杉、栎林、桦木林等大熊猫栖息地乡土树种，恢复大熊猫喜食竹种

雪地嬉戏的大熊猫

大熊猫国家公园管理局 / 供图

大熊猫栖息地修复　　大熊猫国家公园管理局 / 供图

等，增加竹种的多样性，对需要实施生态修复区域的集中连片人工纯林进行改造，使其逐步恢复成为适宜大熊猫生存的自然生态系统。

为了稳妥化解栖息地内的历史遗留问题，四川印发小水电清理退出实施方案，明确分阶段退出思路，编制三年退出计划，压实地方主体责任，目前第一阶段计划已完成。制订小水电清理退出省级财政专项奖补方案，实行先退出、后奖补，在退出验收销号的次年安排奖补资金，引导激励各地担起主体责任，发挥主体作用。先后出台《四川省生态保护红线内矿业权分类退出办法》和《四川省生态保护红线内矿业权退出实施方案》，拟于2022年12月底前完成大熊猫国家公园四川片区内矿业权退出任务。

目前，在土地岭廊道、九顶山区域多次监测到大熊猫活动影像，时隔多年野生大熊猫重回关键区域。建立大熊猫国家公园，受益的可不仅仅是大熊猫。大熊猫作为旗舰物种，能够对其栖息地范围内的其他野生动物形成伞护效应，在大熊猫得到救助的同时，同域分布的珍稀濒危野生动植物也得到了保护。

大熊猫国家公园正式设立后，四川迅速把工作重心从“体制试点”转移到“生态系统完整性保护”上来，聚焦保护

大熊猫国家公园入口　　大熊猫国家公园管理局／供图

生物多样性、自然原真性、系统完整性，以“高质量建设名副其实、出色出彩的大熊猫国家公园”为目标。大熊猫国家公园建设在生物多样性保护、矛盾调处、科普宣传、社区协调发展等方面都取得了阶段性进展，大熊猫野外监测年遇见率由135只上升到178只，同域分布的8000余种野生动植物和生态系统保护得到有效加强，实现了四川重要生态区域的整体保护，有效拓展了野生大熊猫的生存空间、优化了生态保护格局、巩固了基层基础、提升了保护能力、推动了人与自然和谐共生。

科技护航，助力大熊猫的研究与保护

归还大熊猫的家园只是保护大熊猫的起点，随着人们对大熊猫认识的不断深入，运用科技探索大熊猫的秘密，找寻大熊猫繁育的困难之处，放归大熊猫，助力大熊猫的野外生存，让大熊猫真正“野”起来。

大熊猫国家公园有这样一群人，他们与熊猫为邻，用双脚丈量每一寸应该被保护的土地。卧龙保护区的巡护员杨帆已经工作了20年，和队友坚持上山巡护是他的工作也是他的爱好，野外监测，伴生动物调查，拍摄、随时记录沿途发现的野生动物和粪便，为科学监测和研究带回第一手资料。走在大熊猫栖息地几千米海拔的山林间，山路崎岖。经常没有路要自己创造路，过雪山、穿竹林、爬悬崖，还时常遭遇各种不稳定的天气

红外相机安装　　大熊猫国家公园管理局／供图

状态。危险是巡护员们经常面对的。但是每一次的巡护，每一次的观测都会让他有不一样的收获。他说，“守护大熊猫就是我想做一辈子的事。”

大熊猫国家公园内目前已设置巡护线路460条、重点区域监测样方352个，除了巡护员的实地勘探，园内还布设有红外相机1736台，累计开展巡护20万余人次，收集传回红外相机监测信息100余万条，监测到野生大熊猫影像724次。充分运用高分卫星等先进技术手段，研究开发监测和巡护手持终端、空间用途管制实时监控系统，健全“天空地一体化”综合监测体系。

目前，通过收集能用于DNA检测的大熊猫粪便、毛发等样品，分批次进行处理并提取DNA检测，保护区已经逐渐收集并掌握全部野生大熊猫个体遗传多样性信息，建立了野生大熊猫个体基因数据库，使野生大熊猫保护管理在种群数量与结构、物种分布、遗传编码等方面实现分子水平跨越。

研究人员对大熊猫的野外观测多使用红外相机，但红外相机需要人工定期更换电池和储存卡。甘肃白水江保护站运用最新的智能“熊脸”识别系统，构建了大熊猫野外视频监测系统。“熊脸”识别技术与常规红外相机的最大区别在于它能够通过网络通信技术、动态监测技术、地理信息技术和物种识别技术等自动识别出现在镜头前的各种野生动物，并发出警报，让技术人员足不出户就可以实时监测到大熊猫等野生动物的基础数据，实现自然资源本底的更新、分析和统计功能。

截至目前，“熊脸”识别技术已记录并回传大熊猫等珍稀动物影像200余次。同时常规红外相机也多次在不同地点、不同时间捕捉到了大熊猫母子同框的画面，以及大熊猫进食、争夺配偶、睡觉等画面。仅2021年就拍摄到大熊猫等珍稀动物照片2896张，视频总时长3218秒。这说明白水江园区生态环境良好，大熊猫种群结构稳定，种群数量呈逐步上升趋势。

技术人员通过监控系统分析并掌握了大熊猫种群、健康、求偶、干扰等情况，并借助画面观察到栖息地自然环境、生态环境等的动态变化。

“这为我们了解野生大熊猫的生活状况以及制定保护策略提供了科学数据。更重要的是，我们还对人为干扰、访客活动等进行了全方位实时监测。”甘肃白水江保护站的技术骨干刘兴明说，“这种‘看得见野生动物、管得住人’的系统，对于面积大、环境复杂、监管难度大的区域至关重要，提高了风险早期预警能力，助力野生动物保护更加系统、科学、精细和智慧。”

携手前行，拥抱我们共同的家

大熊猫国家公园里不仅生活着珍稀野生动植物，也生活着世代繁衍的人们。因此，大熊猫国家公园四川片区坚决贯彻“新发展理念”并推进民生改善共建共管共享的实践。

习近平总书记强调，建立国家公园要“给子孙后代留下珍贵的自然资产”。国家公园既具有极其重要的自然生态系统，又拥有独特的自然景观和丰富的科学内涵，具有全民性、公益性、共享性，不仅事关当代人的发展利益，更事关子孙福祉。

大熊猫国家公园管理局和地方政府立足资源优势，不断探索谋划将当地生态优势转化成发展优势，将大熊猫国家公园发展理念有机融入地方经济社会可持续发展的长远规划中，并逐步通过各类有机农业、绿色产业项目为地方经济社会发展发挥作用和影响，提档升级地方经济社会发展理念和水平。按照

《成都建设践行新发展理念的公园城市示范区总体方案》要求，细化分解落实责任，明确在成都片区探索大熊猫国家公园与公园城市示范区融合发展新路径，指导成都片区编制《成都建设践行新发展理念的公园城市示范区行动计划（2021—2025年）》，拟建设总面积1459平方千米的大熊猫国家公园“生态绿肺”，进一步激发公园城市创新动力。

积极探索生态保护和民生改善共赢之路，将生态保护与绿色发展、乡村振兴、增收致富相结合，多措并举促进社会协调发展。四川大熊猫国家公园管理机构派出一名干部出任汶川县新桥村第一书记，通过对原住居民生产生活方式的正负面清单管理，培育发展与大熊猫国家公园保护目标相一致的绿色生态产业，规范生物多样性友好型经营活动，推进大熊猫国家公园内和周边区域在乡村振兴中走在前列、做好示范。“熊猫茶”“熊猫蜜”“熊猫山珍”等生态产品广受消费者喜爱，年销售额达3000万余元，真正体现国家公园的“全民公益性”。

大熊猫国家公园是全社会的宝贵财富，国家公园建设需要社会和公众的共同参与。通过畅通大熊猫保护基金会募资渠道，设立大熊猫国家公园专项保护基金，吸引世界自然基金会（WWF）、阿拉善SEE基金会等生态环保组织每年投入800余万元资助，大熊猫国家公园四川片区保护能力提升、社区可持续发展和栖息地修复等工作有了切切实实的成效。同时，

大熊猫国家公园内的“天生桥”　　大熊猫国家公园管理局／供图

大熊猫国家公园聘用了大量社区居民参与从事国家公园巡护监测、自然教育、生态体验服务等工作，增强了居民保护生态的获得感和荣誉感，有更多的社区居民积极投身到国家公园建设中，改变了过去只讲索取不讲投入、只讲发展不讲保护、只讲利用不讲修复的老路子，营造了全社会共同参与大熊猫国家公园建设的良好氛围，描绘了从“绿水青山就是金山银山”到“人不负青山，青山定不负人”的动人图景。

依托大熊猫国家公园，保护区相关省份的自然教育也在蓬勃发展。四川启动自然教育“千人计划”，开展“熊猫科普行动”网络知识竞赛、自然教育骨干人才培训，评选最受欢迎自然教育导师，遴选“熊猫少年·绿色小卫士”。坐落

荥经县管护总站开展自然教育课堂　　大熊猫国家公园管理局 / 供图

在雅安片区的熊猫森林国际探索学校，不仅向孩子们展示大熊猫的呆萌可爱，还讲述大熊猫及其栖息地的生物知识和生态价值。《人民日报》、新华社、《四川日报》等主流媒体推出大熊猫国家公园正式设立相关报道200余篇（次）、专版专栏报道24篇，机场、车站、码头等场所投放大熊猫国家公园公益广告，以可爱的大熊猫形象展现可信可敬的中国形象。

大熊猫国家公园建设带动了大熊猫及大熊猫国家公园文化创意事业的快速发展，文化影响力持续提升，再次成为人们追捧的热点和亮点，熊猫文创产品市场诉求、海外需求显著增长，熊猫文创产业呈现出新的提档升级发展势头。结合北京冬奥会吉祥物“冰墩墩”风靡全球的有利时机，深度挖掘大熊猫文化及其衍生的精神内涵，“功夫”熊猫放大招示爱、“冰墩墩”玩转唐家河等珍贵影像在各大媒体转载传播，引发社会关注，实力圈粉。

大熊猫保护，永无止境，人与自然和谐相处的故事依旧在上演。大熊猫国家公园也会守护好这片土地上的所有生灵。

文 ◎ 张程杰

苍茫林海，科学管护，构筑东北虎豹美好家园

延绵的中国长白山是进化论的证明，它用4000多年的生命守护人类的发展文明，见证了人类粗暴掠夺自然后，又重新探索人与自然和谐共生，将生物多样性保护理念融入生态文明建设的全过程。

党的十八大以来，以习近平同志为核心的党中央以前所未有的力度抓生态文明建设，统筹推进生物多样性保护各项工作，深度参与全球生物多样性治理。“绿水青山就是金山银山”，保护生态就是保护自然价值和增值自然资本，就是保护经济社会发展的潜力和后劲。2021年10月，中国宣布正式设立三江源、大熊猫、东北虎豹等第一批国家公园，积极构建以国家公园为主体的自然保护地体系，确定并加强生物多样性保护优先区域管理。作为我国东北虎、东北豹历史天然分布区和唯一具有野生定居种群和繁殖家族的地区，东北虎豹国家公园肩负保护以东北虎、豹为旗舰物种的生态系统的责任，同时在保

虎豹公园界碑　　东北虎豹国家公园管理局 / 供图

护生物资源以及物种栖息地、促进人与自然和谐发展等方面发挥积极作用。

开展专项行动，全面强化野外保护

“从2021年冬天到2022年5月，虽说遇到疫情，但是我们始终坚持巡护，落实野生动物保护网格化，尤其在春季鸟类迁徙季节，加大了对中华秋沙鸭的保护监测，已监测到中华秋沙鸭53只。”东北虎豹国家公园珲春局野生资源保护处副处长郝瑞平说。

2021年11月，东北虎豹国家公园“2021年清山清套·打击乱捕滥猎、非法种植养殖”专项行动启动，为期6个月。

虎豹公园内满目苍翠　　东北虎豹国家公园管理局／供图

与往年相比，此次把“保护第一”和“人民群众利益至上”融入新时期虎豹国家公园的重点工作中，坚持以人为本，将建立健全野生动物损害补偿机制、妥善处置人虎冲突、全面关停工矿企业、引导鼓励黄牛下山、推动园区内产业绿色转型等工作进行了新的部署和要求，同时根据春季鸟类迁徙规律，在主要栖息停歇地实时搜集、掌握鸟类活动数据，确保园区内中华秋沙鸭等鸟类的种群扩繁。最新专项行动数据显示，园区内野生动物数量增加，栖息地质量不断向好，人与自然和谐共生的发展格局正稳步推进。

“东北虎豹国家公园已经连续开展了4年‘今冬明春’保

东北虎 东北虎豹国家公园管理局 / 供图

东北豹 东北虎豹国家公园管理局 / 供图

工作人员涉水巡护

护专项行动，构建了全局统一的SMART巡护管理数据库，将3003名巡护员的巡护数据纳入数据库统一管理。同时引入第三方核查机制，从今年专项行动的数据和检查结果看，有效果、有成果。”东北虎豹国家公园管理局生态保护处处长白晓康介绍。

此次专项行动虎豹局特别对分局—林场—巡护队三级资源管护网络进行了完善，将管护责任落实到林班，同时做到制度上墙、责任上图，并由局长带队督导检查。

利用人工智能技术预测盗猎高发区空间分布格局，结合虎、豹分布情况，划定7118平方千米重点巡护区，开展重点区

东北虎豹国家公园管理局／供图

域精准巡护和反盗猎监督与评估机制（SAMAP）试点。虎豹局自2019年10月数据库启用以来，共录入巡护12258次，记录动物信息26107条，其中东北虎信息205条、东北豹信息41条，巡护信息入库率达80%以上。

截至2022年5月专项行动结束，据不完全统计，虎豹局各分局共开展巡护11000余次，巡护里程8万千米以上，清缴猎套2063个（其中新猎套58个），猎套遇见率较试点前下降98%。联合工商、市场监管、公安等部门，开展联合执法行动136次，在重要路段设置检查点11处，检查农贸市场、饲养场、五金店、宠物店、土特产店、药店、冷库等经营场所292处，共查处非法种植养殖行为7起，破获野生动物违法案件5起，其中盗猎案件3起，抓获违法犯罪人员5人，清除违规牧场21处，拆除围栏689千米。

保障群众权益，缓解人与野生动物冲突

“我们村是2021年成立的虎豹公园社区共管队，我第一个报名参加的，我们队6个人每天都坚持巡山，现在不光是山里，村边的野生动物也是随处可见，像狍子、鹿、野兔，可多了。”虎豹局珲春市局中土门子村村民于东喜兴高采烈地说。

2021年，东北虎豹国家公园联合地方政府共同开展社区共建，希望通过区域内的生态公益岗位促进人与自然和谐共生，共享生态友好型社区。42岁的于东喜积极报名加入虎豹局珲春市分局社区共管队，他喜欢这个新工作，因为他觉得自己属于这里。从他在巡山中发现第一个猎套开始，就发誓要清除巡护区域内所有会对野生动物造成危害的“隐患”。一年多来，于东喜和他的队友们清除猎套、猎夹59件。2022年，珲春市分局又组建了4只社区共管队，负责野外和社区巡护。

虎豹公园成立后，科学合理设置生态管护岗位，通过购买服务的方式，让更多人参与虎豹公园生态保护和运营管理。根据虎豹公园巡护面积及人均巡护能力，设置野外巡护类生态岗位，负责野外和社区巡护。根据森林抚育工作量，设置森林抚育类生态管护岗位，负责栖息地恢复和人工林抚

工作人员安装野外红外相机　　东北虎豹国家公园管理局／供图

育等营林工作。根据红外相机、瞭望塔、监测站等设施布设情况和监测工作频率需要，设置资源监测类生态管护岗位，负责虎豹公园内土地、森林、山岭、草地、湿地、野生动植物、水生生物、矿产等自然资源的监测，以及水、土、气等生态因子监测。截至2022年6月，按照“一户一岗”设置生态公益岗，聘用珲春市、东宁市444户抵边居民，实现人均年增收1万元。

“2020—2021年度，虎豹公园全域内野生动物造成损害补偿资金达710万元，实现赔付率100%，并在2022年全面引入商业保险机制。”东北虎豹国家公园管理局副局长张陕宁介绍。

棕熊一家　东北虎豹国家公园管理局／供图

国家公园内的梅花鹿　东北虎豹国家公园管理局／供图

为保障园区群众权益，缓解人与野生动物冲突，虎豹公园建立了野生动物损害保险机制，出台《东北虎豹国家公园野生动物造成损失补偿办法》，并委托安华保险公司设立专门保险科目，推出涵盖人身损害、家畜家禽损失、农作物损害、经济作物损害及造成损害的野生动物种类的专属产品。同时开通三日、七日、十日快速理赔通道以及开辟“重点客户快速理赔绿色通道”，通过特别授权减少赔款处理环节，加快赔案处理速度。同时以县域为单位，统一购买保险，保险公司按最高5倍保费资金额度，对区内野生动物造成损害向群众补偿。这是东北虎豹国家公园正式设立后的又一项“我为群众办实事”的务实举措。

为缓解人虎冲突矛盾，提高预警力度，虎豹局加大各分局资金投入，利用“天地空”监测平台，及时掌握虎豹靠近群众居住区信息，联合乡镇政府、村委会发布通告，提醒群众做好防范，持续加大“人防”力度。目前，已安排专项资金，在珲春市、汪清县、东宁市、绥阳局选择重点村屯开展埋设振动光纤、架设电子围栏等技术试点，编制《人兽冲突主动防护系统建设方案》，不断提升“技防”水平。

健全救护体系，合理开展有蹄类补饲

“今年疫情期间，我们持续开展野生动物救助，通过监测、巡护救助野生动物3只，其中有国家一级重点保护野生动

工作人员建补饲点　　东北虎豹国家公园管理局 / 供图

物秃鹫1只，经成功救助后放归自然。同时，我们开展线上虎豹预警，及时有效预防、控制人兽冲突发生。”东北虎豹国家公园管理局珲春局科研监测中心副主任赵岩介绍。

为健全救护体系，虎豹公园组建野生动物救护和突发事件处置专家技术团队，依托吉林省野生动物救护繁育中心、中国横道河子猫科动物饲养繁育中心，设立虎豹国家公园长春、横道救护中心。2022年上半年，增设救护收容站3处，救护野生动物127只，其中国家一级重点保护野生动物10只，国家二级重点保护野生动物21只，康复放归102只，并成功救治放归东宁朝阳沟受伤东北虎。

2022年3—5月疫情期间，虎豹局根据虎豹分布、有蹄类丰富度、猎物结构等情况，科学布设补饲点，在冬春季节，特别是冻雨、暴雪等极端天气时，开展补饲工作，提高动物越冬成活率。全区共设置补饲点811个，2021年合计投饲玉米25万千克，牧草1万千克，豆粕3.6万千克，饲盐8900千克，满足关键时期有蹄类食物需求。

引导黄牛下山，推动经济发展绿色转型

与吉林、黑龙江两省政府沟通，推动珲春市、汪清县和东宁市绿色转型，设计了与东北虎豹国家公园生态保护深度融合的考核体系，全面启动114宗矿业权的注销程序。

支持以自然村为单元的小规模黄牛集中养殖。指导延边朝

天桥岭　　陈华鑫／摄

鲜族自治州制定相关政策。选定8个黄牛集中养殖点，采取托管、租赁等模式，委托养殖企业、大户集中饲养一批下山黄牛，吸纳原住居民参与饲养，提高当地群众收入水平。2022年，计划在珲春市、汪清县建成牧业小区5个，养殖规模6100头；规划建设黄牛养殖小区71个。

2021年，东北虎豹国家公园内的散放黄牛减少了1.6万头，降幅达18.6%，预计2022年再减少1万头，2025年实现国家公园范围内黄牛全部下山。

“万物各得其和以生，各得其养以成，东北虎豹国家公园之所以每年坚持开展‘清山清套·打击乱捕滥猎、非法种植养殖’专项行动，就是以生物多样性保护为出发点和落脚点，推进绿色发展，推动形成人与自然和谐共生新格局，为全球濒危物种及栖息地保护积累实践经验。”东北虎豹国家公园管理局局长赵利表示。

“共建地球生命共同体”是习近平总书记站在促进人类可持续发展的高度，提出的破解全球生态环境问题的重大创新理念。构建以国家公园为主体的自然保护地体系，持续推进“山水林田湖草沙”系统保护修复和治理，促进生物多样性可持续发展，加强国际交流合作，推进绿色“一带一路”建设等，是共建地球生命共同体的中国行动。东北虎豹国家公园承载着生命的开始和延续，这里将会成为中国生态文明建设的名片、国际野生动物保护负责任大国形象展示的窗口、野生动物保护国际合作的典范 。

文 ◎ 吴林锡

海南热带雨林国家公园生态搬迁，焕发绿水青山无限生机

海南热带雨林里，万物竞相生长，溪水潺潺；生态搬迁小区内，孩童嬉戏欢笑，楹联飘墨香……六月的海南热带雨林国家公园生机勃发，一片欣欣向荣。

2019年，海南省委、省政府印发《海南热带雨林国家公园生态搬迁方案》，开展处于主要江河源头等核心保护区的生态搬迁。

2020年3月23日，《中共海南省委办公厅　海南省人民政府办公厅关于印发〈海南热带雨林国家公园生态搬迁方案〉的通知》要求，2021年年底前，完成热带雨林国家公园核心保护区内共11个自然村470户1885人的生态搬迁工作。

生态搬迁使新农村建设焕发生机

白沙县南开乡高峰村委会3个自然村118户498人，均位于

霸王岭雅嘉松　　冯推德／摄

热带雨林国家公园管理局鹦哥岭分局核心保护区。高峰村整村搬迁，每户在新村分得1套115平方米的房子和人均10亩的橡胶地，原址将恢复自然生态。很多人从一座座由茅草屋改建成的泥墙铁皮屋顶房，搬进两层楼高的新式民居，真正体会到了什么是“美丽乡村”。

新建的银坡村村民符国华说：“村里配套建设了水泥路、太阳能路灯、塑胶篮球场、饮水工程、污水处理设施，骑摩托车30分钟就能到县城，老人看病、小孩上学都方便得很。”政府给每人分配了10亩可开割的橡胶林，扶持发展禽畜养殖、养蜂、益智种植等产业，并安排部分村民当上护林员，通过育产

东方市生态搬迁安置点全貌效果图　　东方市／供图

业、促就业，帮村民实现了多渠道稳定增收。

东方市东河镇苗村142户570人，位于热带雨林国家公园管理局霸王岭分局核心保护区。走进苗村安置区，一排排整齐、崭新的住宅楼映入眼帘，道路平整宽阔，每家每户的院落颇有民族文化特色。“搬到安置区后，村民不仅生活变得便利，还能享受到更优质的医疗、教育等资源。”东河镇副镇长麦名卫说。为了解决苗村村民的产业发展需求，当地除了分给村民每人生产用地外，东方市委、市政府还自2022年起，连续5年，每年拨付200万元用于苗村集体经济产业发展，给予每人生产生活安置补助。此外，同步开展相关的技能培训，引导村民就业，让村民生活更有保障。

五指山市5个自然村143户491人，位于热带雨林国家公园管理局五指山分局核心保护区；畅好乡保国村下辖毛庆自然村42户158人，位于热带雨林国家公园管理局毛瑞分局核心保护区。为了保护海南热带雨林国家公园生态保护核心区，按照国家相关规定，更好地安置生态移民搬迁村的群众，五指山市按照省里有关要求，立足五指山发展实际，实施了海南热带雨林国家公园生态搬迁（五指山市）安置工程项目，对符合异地安置条件的5个村小组139户生态搬迁户进行集中安置，第一批共

霸王岭瀑布　　冯推德／摄

有40户生态搬迁户集中乔迁新居，安置房小区配齐了电梯、天然气、文化活动室等各种附属和配套设施，不仅让搬迁户搬新家、住新房，还开启了他们迈向美好幸福生活的大门。群众搬迁出去后，对保护区熟悉的百姓可参与到国家公园招聘的护林员岗位中，积极参与国家公园的建设、管理与保护。如今，海南热带雨林国家公园体制试点区内的百姓逐步建立起和国家公园保护目标相一致的绿色发展方式和生活方式，正与“山水林田湖草”形成一个真正的“生命共同体”。

保亭县2个自然村67户326人，位于热带雨林国家公园管理局吊罗山分局核心保护区。保亭不断创新工作方式方法，倾听村民诉求，有序推进生态搬迁工作。“除了给予青苗补偿、安排安置房等常规移民搬迁政策外，保亭还承诺给村民商业街铺面、市场摊位用于经营，最让村民期盼的是，保亭县还协调出部分土地供移民搬迁出来的村民耕作。”保亭县什玲镇政府相关负责人介绍说，政府还将会在产业扶持、子女就学等方面给予帮助，打消村民的各种后顾之忧。

截至2022年6月，白沙县高峰村已完成搬迁；东方市、五指山市完成安置点建设，保亭县完成安置点总工程量的87.5%。五指山市已有96户签订了搬迁协议，东方市135户已全部签订了搬迁协议，保亭县6户签订了搬迁协议，三市县都在有序开展搬迁工作。通过实施生态搬迁工作，海南热带雨林国家公园探索出的土地置换新模式为其他市县的生态搬迁工作提供了范式。

国家一级重点保护野生植物伯乐树　　卢刚 / 摄

土地置换规范化

一是创新土地权属转化方式。海南热带雨林国家公园白沙县生态搬迁过程中，以自然村为单位，实行迁出地与迁入地的土地所有权置换，迁出地原农民集体所有的土地全部转为国家所有，迁入地原国有土地全部确定为农民集体所有。

二是建立集体和国有土地置换评估方式。在实施置换前，由政府组织开展拟置换土地（迁入地和迁出地）的土地现状调查并进行实地踏勘，摸清土地权属、地类、面积以及地上青苗和附着物权属、种类、数量等情况，市县自然资源和规划部门委托有资质的第三方评估机构按照相关估价规程开展土地价值评估，经集体决策合理确定拟置换的土地地块价值。

三是赋予所有权人权能。办理不动产产权登记，赋予政府、迁出地集体、迁入地集体（农垦）三方的权能。迁入地用地原属于集体土地的，政府依法办理土地征收审批手续后进行置换；迁入地用地原属于国有土地的，市县政府依法收回国有土地后进行置换或者与农垦国有土地使用权人直接协商置换。

四是建立土地增减挂钩模式。迁出地建设用地复垦为林地等农用地腾出的建设用地指标，可按照建设用地增减挂钩的原则用于迁入地安置区建设，不再另行办理农用地转用审批手续。

制度创新示范引领

对集体土地和国有土地进行置换的方式是对完善土地资源资产权能的一项积极的探索创新。目前，在全国属于首创。在今后涉及土地征收的搬迁等工作中具有一定的示范作

吊罗山热带雨林景观　　海南热带雨林国家公园管理局 / 供图

用。首先，能降低征收成本。如果不实施集体和国有土地的等价置换，则既需要对迁入地又需要对迁出地进行土地征收（收回）并补偿，而通过等价置换，置换后集体土地转变为国有土地，国有土地转变为集体土地，则可仅对迁出地的土地进行价值评估，而不需要实施征收（收回），节约了行政成本，提高了工作效率。其次，有利于维护社会稳定。政府在生态搬迁中，因实施征地行为，往往是既当运动员又当裁判员，而在等价置换过程中，政府的角色则转变为单一的裁判员角色，对于置换双方而言，政府坚持依法依规、公开公平公正地实施生态搬迁方案，作为评估者和调解者，有利于

白沙县高峰新村现状　　海南热带雨林国家公园管理局/供图

发现和解决各种苗头性问题，更好地维护双方权益，确保社会大局稳定。

2020年8月12日，海南热带雨林国家公园管理局与白沙县人民政府签订了《林地林木委托管理协议》，2020年9月4日，白沙县人民政府与海南省农垦投资控股集团有限公司、海南天然橡胶产业集团股份有限公司签订《收回海南省农垦投资控股集团有限公司国有土地及地上附属物协议书》，完成了海南热带雨林国家公园核心保护区生态搬迁的白沙县3个自然村共计5.21平方千米集体土地，与位于国家公园试点区外的3.65平方千米国有土地进行等价置换。有效地解决了搬迁土地处置难题，初步实现了“搬得出、稳得住、能发展、可致富”的生态搬迁目标。

生态搬迁实现村民生态生产生活“三生融合”

2020年12月底，白沙县南开乡高峰村下辖方通村、方佬村、方红村3个自然村共计118户498人已全部搬迁到新址，新址挂牌成立新高峰村，划归牙叉镇管辖，下设方红、方通、方佬3个自然村。新高峰村按照一栋2户、每户115平方米共建有住宅59栋，住宅总建筑面积为13912.2平方米，公共配套设施2栋（村委会、便民中心、文化室合1栋，酿酒屋1栋），建筑面积为503.63平方米。并建设有配套道路、绿化、给排水、电气、污水处理、垃圾收集、化粪池、舞台等基础设施。在省委、省政府和省资规厅及海南省农垦投资控股集团有限公司的大力支持下，收回高峰村旧址的集体土地（7601.63亩）并与海南省农垦投资控股集团有限公司土地（5349.69亩）置换，收回白沙农场集团的283.71亩土地，将共计5633.4亩土地一并确权划给新高峰村，分别作为建设用地和生产用地使用，生产用地按10亩/人平均分配给搬迁村民使用，从而解决了搬迁新址用地及村民生产生活等问题。2021年以来，新高峰村积极发挥党支部的战斗堡垒作用和党员的先锋模范作用，以党建促乡村振兴，通过大力发展绿色特色产业，确保村民生活不断向

海南长臂猿　　梅智强／摄

好，收入不断提高。2021年，全村家庭人均纯收入17466元，同比增长35.89%。搬迁户对政府的生态搬迁政策表示支持，大多数人对安置表示很满意，对未来生活质量提高、收入增加、经济发展有信心。

实现了生态生产生活“三生共赢”。通过拆除原址村民住房，进行生态修复，原址生态环境压力得到减轻，将有力保障海南热带雨林国家公园生态核心区和南渡江源头的森林资源和生态环境。同时新村选址在距离县城较近、交通便利、公共服务覆盖到位的区域，村民搬迁后离乡不失地，产业发展条件更便利，以往行路难、就医难、上学难、就业难、增收难等长期难以解决的突出问题迎刃而解，生产生活条件有了明显改善提升。搬迁后，天然林在慢慢恢复，野生动物的栖息地也扩大了，对野生动物的保护有好处。在过去的几十年里，村民为了谋生发展橡胶产业，把村周边海拔较低和较平坦的天然林地都给开垦了，水鹿、猕猴等野生动物被迫离开它们的栖息地，往食物缺乏的高海拔山地迁去。据护林员符永清说，最近高峰护林点周边有猕猴在活动，一群十几只，长满杂草的田里有白胸苦恶鸟在里面觅食，每天傍晚都“苦恶、苦恶”地叫个不停，曾经“消失”的野生动物回来了。

白沙县南开乡高峰村生态搬迁后，生态搬迁安置点新高峰村位于白沙县城东南的茶园小镇边上，距离县城只有三四千米，孩子上学更便利，老人看病更及时。村民符国华说：“我在老村的时候，有一次我孙子发高烧，持续两天不退，必须得驱车60多公里送到县城，由于是土路，我开摩托车送他出来用了3个多小时，风吹日晒，我真担心他会病情加重，现在好了，去医院只需要十几分钟。上学也方便多了，我两个孙子都在上小学，由于人口少，村里的学校只有3年级，4年级以后就必须到县城学校或者南开乡中心学校就读，没搬之前，我每个星期都要来回两趟接送孙子上学，一趟就需要6个小时，太折腾人了。”

实现了生态生产生活“三生互促”。把生态生产生活相融合、相促进，实施装配式建筑，配套建设光伏发电太阳能热水器、太阳能路灯等节能环保设施，并通过生态环境保护、绿色特色产业发展、人居环境整治等抓手，实现从砍柴烧火到使用清洁能源，从畜禽无序散养到林下圈养，从制干胶卖胶片到直接卖胶水，从靠橡胶的“单一”收入到橡胶、绿茶、食用菌、务工、庭院经济和生态旅游的“多元化”收入的转变，让村民更加自觉地在保护绿水青山、收获金山银山中适应生态、热爱生态、守护生态，形成以保护生态谋发展、利用生态促增收的理念。

实现了生态生产生活“三生转变”。在搬迁中，潜移默化推动村民向良好生态理念和生产生活方式转变。在思想上，由原来不理解、不配合生态保护工作转变为懂得生态保护意义，并主动参与、主动保护生态环境；在行动上，由原来无序索取生态资源转变为自觉维护、合理利用生态资源；在生产方式上，由原来传统农业产业提档升级为一、三产业融合发展，“美丽乡村+”“文化+”等生态旅游业发展成为趋势，农民也从单纯的“割胶工”转变为“割胶工+服务员（工人）”“割胶工+护林员（河道管理员）”等；在生活习惯上，村民由原来不懂卫生知识、不爱卫生转变为关注卫生知识、参与垃圾分类，切实形成绿色健康、现代化的生态环保思

雨林溪流　　海南热带雨林国家公园管理局/供图

想和生产生活方式。

对这些位于海南热带雨林国家公园核心保护区内的村庄，政府的生态搬迁工程在持续深化，通过人口转移、生态修复、政策扶持、完善配套政策等措施，让人与自然和谐共生的价值意蕴渐趋清晰。人类活动逐渐退场，意味着为海南热带雨林国家公园的野生动植物腾出了更多生存栖息的空间。人与“山水林田湖草”彼此依存，形成了一个真正的“生命共同体”。

文 ◎ 孙湘来

武夷山国家公园，绿色发展走出新路

五月好春光，正是武夷岩茶的采摘旺季。

位于福建省武夷山市的星村镇燕子窠生态茶园里，春风摇曳，满山茶树如绿毯，茶树间，黄灿灿的油菜花冷不丁地“冒出头”来。“90后”茶企负责人方舟站在自家茶园里，望着刚从茶树上采摘下来的茶青，心里头畅快，享受着丰收的喜悦。

要问武夷山有什么？土生土长的武夷山人会自豪地掰着指头细数：这里是世界文化与自然双遗产，是世界同纬度保存最完整的一块绿洲，是世界茶乡……拥有如此多的“标签”，意味着具有得天独厚的优势，让武夷山在生态文明建设上步子迈得又快又稳。

在2021年10月举办的《生物多样性公约》第十五次缔约方大会领导人峰会上，首批中国国家公园正式设立，武夷山位列其中。随之升级的还有更科学的生态保护，更高效的开发利

天游云海　　刘达友 / 摄

用，以及更精准的产业发展，这片“绿洲”的特色更特、亮点更亮、优势更优。

科技赋能，护好每一片山水

采茶时节，九曲溪畔，武夷山国家公园巡护员郑由昌在茶园间辗转忙碌。

巡护中，郑由昌像往常一样从平板电脑进入巡护员巡护系统，他需要根据地图上显示的点位来确定生态是否因茶园违规种植而遭破坏，“最常遇到的是茶园的扩种和复种两种情况”，一旦发现违规，他需要立即处理。随后，郑由昌将“扫盲”的结果第一时间录入巡护系统。

郑由昌口中的“扫盲”就像织起一张网格化的巡查网，巡护员们需要利用后台大数据结合图层信息，进行研判分析，找出日常巡护工作中的“盲区”和“死角”。

巡山有时一天要走上十几千米，好在如今有了无人机、平板电脑、卫星地图等科技“好帮手”，让巡护员能够有的放矢。

郑由昌说，在传统人力巡护的基础上，对于人力难以攀爬的山场，使用无人机巡护、卫星图比对的方式进行核查，并通过智能设备在后台登记，同时利用红外相机对可疑点位开展全天候布控。

郑由昌一天的巡山路线和巡护情况都会通过智能设备上传到智慧管理中心的后台，智慧管理中心的工作人员点开就能看到巡护情况。

这是武夷山国家公园生态保护智能化的成果。据福建省林业局副局长、武夷山国家公园管理局局长林雅秋介绍，武夷山国家公园始终坚持保护第一，建立严格系统的管护新模式。一方面，运用卫星遥感、视频监控等技术手段，建设智慧国家公园管理平台，建立集功能展示、预报预警和数据分析为一体的生态资源管理体系；另一方面，严格实施分区管控，强化哨卡管理，建立健全“网格化”巡护机制，强化“山水林田湖草”全要素、全天候巡查监管。

作为首批国家公园，生态保护是首要，用科技“织密”防

世界生物模式标本产地——大竹岚　黄海／摄

护网的需求更加迫切。

武夷山国家公园科研监测中心主任张惠光介绍说，2021年以来，武夷山国家公园智慧管理平台增加了两个功能模块，其中一个是管理局智能监控平台，一共新接入235个监控设备，实现视频监控的智能分析和识别，提高了智慧管理平台的智能水平；另外一个功能模块是生态保护决策支持系统，对生物多样性保护和三维地图等方面提供辅助决策。

武夷山海拔高低悬殊，植被类型丰富，垂直分布明显，基本囊括了我国中亚热带地区所有植被类型，拥有世界同纬度带保存最完整、最典型、面积最大的原生性中亚热带森林生态系统，为野生动植物的生存和繁衍提供了良好的环境，是我国东南动植物宝库、众多古老孑遗物种的避难所、物种基因库。

“以保护丰富而独特的生物多样性为突破口，武夷山国家公园率先全面、系统开展生物资源本底调查，并取得了阶段性成果。”武夷山国家公园有关负责人介绍，经过“摸底”，国家公园里新发现的“宝贝”不少。自进行生物资源本底调查以来，发表了武夷林蛙、武夷山毛泥甲、诸犍老伞等7个新种，加上国家公园体制试点期间，陆续发现的5个新种，累计发现12个新种，极大地丰富了武夷山的物种记录。

生态补偿，让社会得绿林农得利

在武夷山国家公园腹地的建阳区黄坑镇坳头村，海拔1000多米，这里山清水秀，常年云雾缭绕。作为典型的南方集体林区，一项“地役权管理”的新尝试在这里率先开启。

在国家公园体制试点前，毛竹是坳头村的支柱产业之一，也是村民的重要收入来源。“如何协调保护与发展之间的关系，是自然保护地工作的一大难题。”武夷山国家公园生态保护部负责人廖传平说，“自然权属复杂，集体林权占比高，自然资源依赖性强，毛竹、茶叶生产是当地村民赖以维生的基础。”

砍，影响自然生态系统的原真性和完整性；不砍，林农的切身利益难以保障。难题如何破？地役权管理，提供了一种灵活的解决方案，坳头村成为“首吃螃蟹者”。

2020年春天，坳头村村委会与武夷山国家公园管理局签署《武夷山国家公园毛竹林地役权管理合同》。按照约定，坳头村竹农将不再采伐村集体的1万多亩毛竹。作为补偿，在原有每亩每年22元生态公益林补偿金基础上，竹农将获得每亩每年118元的生态补偿金。时任坳头村村委会主任张垂仁算了一笔账，村里一万多亩竹林，每年可获得140余万元的固定收入。

“在签订合同后，毛竹林的林地、林木权属不变，我们则获得毛竹林的经营管理权。”廖传平说，“村民不得采挖竹笋，不得利用、破坏地役权范围内的林木、林地等森林资源，同时要做好毛竹林保护工作，严禁乱砍滥伐及偷砍毛竹、偷挖竹笋等现象发生。”

武夷山国家公园管理局相关负责人表示，每年年终，国家公园管理局将对实施地役权的毛竹林进行检查验收。目前，国家公园范围内已有4.5万亩毛竹林实施地役权管理。通过设立地役权，对国家公园范围内集体林地及林木进行统一管理，以减少国家公园核心保护区的人为活动，保护了自然生态系统原真性和完整性，同时保证林农的权益。

毛竹林地役权管理改革是武夷山国家公园人与自然和谐共

武夷山国家公园1号界碑——玲珑湾　　傅贤斌／摄

生的一个缩影。武夷山国家公园始终践行“绿水青山就是金山银山”发展理念，通过加大生态补偿，提高群众收入，改善生态环境，促进生态保护与社区发展相协调。

“武夷山国家公园还设定了生态公益林保护补偿、天然商品林停伐补助、林权所有者补偿等政策。”廖传平说。福建省人民政府办公厅印发《建立武夷山国家公园生态补偿机制实施办法（试行）》的通知，设定生态公益林保护补偿、天然商品乔木林停伐管护补助、林权所有者补偿等共11项生态补偿内容。

2021年，武夷山国家公园福建片区内的生态公益林按照每年每亩32元的标准给予补偿，比园区外的其他生态公益林增加了9元；对园内生态公益林、天然商品林（经营性毛竹林除外）的林权所有者，按生态公益林补偿标准给予停伐补助；对园内集体人工商品林参照天然林停伐管护补助标准予以管控补偿；创新森林景观补偿，实行景观资源山林所有权、使用管理权“两权分离”管理，对7.76万亩原景区集体山林进行补偿，实现生态成果与旅游收益共享，切实保障社区居民利益。

生态种茶，做好“一片叶子”的文章

五月，正值武夷山的采茶季，福建省科技特派员刘国英在茶园里、车间里忙进忙出，为了研究如何把茶做得更好，他把大把时间花在研究制茶工艺上。

“领着农民干，就要干给农民看。”在刘国英看来，科技特派员要推广新的技术、新的理念和新的研究，最重要的是打通跟农民之间的“最后一公里”。

除了研究制茶工艺，刘国英还去各个茶企寻找科技小发明，看能不能应用到提升茶品质中，如果觉得合适，自己和其他的科技特派员就会当起“推广员”。

“我们专门成立了一个茶科技班子，开了个现场会，把每个地方的小发明全部集中起来进行评价。有些小到制茶设备里一个轮毂的改动，虽然达不到申请专利的程度，却会给老百姓带来实实在在的效益。”刘国英说。

正是因为有了许多刘国英这样的科技特派员，让小发明、小创造有了大用处。2021年，武夷山市选任省、市、县三级216名科技特派员和104个团队，其中，涉茶62人、43个团队，“茶产业物联网实用技术开发及示范”等7个项目获省科技厅立项支持，争取了240万元资金支持，项目实施可带动新增产值近7000万元、新增利税900万元，辐射带动1200余户农户增收致富，全市农村居民人均可支配收入增长12.4%。

这些年，作为科技特派员的刘国英肩上多了个“推广生态茶园”的担子，茶农、茶企种茶观念的转变，让生态茶园发展得很快。

眼下，在武夷山国家公园福建片区，随处可见“头戴帽、腰系带、脚穿鞋、远离化肥农药、施用有机肥”的生态茶园。武夷山星村镇燕子窠生态茶园里一半以上的茶园都是方舟家的。从2018年开始尝试“大豆套种”的生态种茶方法，方舟生态茶园的经营思路愈发清晰。

“第一片生态茶园示范基地位于九曲溪上游，面积1200多亩。其中200多亩用于套种珍贵阔叶树，国家公园免费提供苗木。”方舟说，走进生态茶园，樱花、桂花、罗汉松、楠木、红豆杉、银杏等珍贵树种令人目不暇接，并根据不同季节，见缝插针地套种紫云英、大豆、油菜花等绿肥作物，坚持人工除草，杜绝草甘膦等化学农药使用。“牺牲小部分茶园面积作为

大王峰秋色 刘达友／摄

景观，还能建立生态链整治生态虫，待发展成熟后，就会形成一个一、二产促三产，三产又反哺一、二产的模式。”

生态文明建设促使当地茶农、茶企观念转变。目前，武夷山市11601户茶农、1683户茶企自觉向社会承诺少用农药化肥，2021年全年农药化肥使用量分别减少6吨、195吨，均下降2%。

随着生态惠民效益持续释放，武夷山全面启动了全域生态茶园建设，广大武夷山茶农纷纷加入生态茶园建设大军，生态茶园如雨后春笋般地在茶山上“长起来了”。“十四五”期间，近15万亩茶园将基本建成高标准生态茶园，推进茶产业绿色高质量发展，实现因茶致富、因茶兴业。

茶旅融合，走好“点绿成金”发展之路

“这条线路是慢游武夷轨道交通观光线路，开往‘双世遗’武夷山景区，大家可以饱览郁郁葱葱的茶山、云雾缭绕的丘陵……”随着列车票务员的声音在车内响起，轻轨从南平火车站开往武夷山国家公园福建片区南入口，游客们领略了沿线成片的茶山后，便进入武夷山境内，四处可见的生态茶园和精品民宿、观光工厂等元素相结合，摇身一变成为热门旅游打卡点。除此之外，茶旅小镇、茶博园等茶旅综合体

九曲溪　　　　黄海／摄

项目正在如火如荼建设中。

“山区变景区、茶园变公园”的背后，折射出的是关于生态文明建设的思考。

“绿水青山不会自然而然地变成金山银山，而需要有一个转化的路径。”武夷山市委书记杨青建说，“我们将文旅经济作为‘两山’转化的重中之首，重点围绕‘吃、住、行、游、购、娱’全要素提升，大力发展文旅、农旅、工旅、智旅等新业态，创新打造‘山盟海誓’产品。”

武夷岩茶闻名遐迩，国家公园福建片区的保护利用离不开一个“茶”字，武夷山也因此在茶旅融合的道路上稳步前行。

2021年年底，“武夷茶世界”项目正式开启。到了2022年早春时节，“武夷茶世界”迎来一批批前来订购春茶的茶客。茶世界为推进“三茶”统筹提供了新平台，包括洽谈、品鉴、茶文化交流、沉浸式演出等功能，打造“永不落幕”的茶博会。

据介绍，“武夷茶世界”由政府主导，规划有品牌茶企、茶衍生产品、茶研学基地、茶道体验馆等，集餐饮、休闲、娱乐等业态为一体，致力于打造“游憩区、园区、社区”三区融合的武夷茶产业及文化新区。

同时，当地还开发了茶宴、茶膳、茶日用品等新产品；推进建设一批茶主题精品酒店、民宿，积极引导酒店民宿营造“住有茶香”氛围；推出生态茶园景区旅游专线；打造国

生态茶园　　丁李青／摄

内首部茶文化主题光影秀……围绕旅游“吃、住、行、游、购、娱”六大要素，打出茶特色牌，着力在每一环节推进深度融合。

打破保护与发展“相悖”的命题，福建省以“环武夷山国家公园保护发展带”作答，以实现生态资源最大化。

环武夷山国家公园保护发展带以国家公园为重点保护区，将国家森林公园、水产种质资源保护区、风景名胜区、公益林等未纳入国家公园红线的部分纳入保护协调区，在保护协调区外约4千米的地方设立发展融合区，统筹协调外围地区适度发展生态旅游，保障国家公园内群众的生产生活需求。

据介绍，环武夷山国家公园保护发展带涉及武夷山市、建阳区、邵武市、光泽县，串联起黄坑、麻沙、星村、五夫等多个重点乡镇，辐射洋庄、莒口、寨里、水北等一系列节点乡镇，形成区域网络，提高整体资源能级和旅游吸引力。

目前列入环武夷山国家公园保护发展带建设重点项目共计93项，总投资398亿元，年度计划投资95.6亿元。

千岩竞秀，万壑争流。武夷山国家公园正围绕建设“文化与自然遗产世代传承、人与自然和谐共生的典范”目标，高起点、高标准、高质量推进国家公园建设。武夷山已从一张旅游名片成为全民共享的国家公园生态品牌，有效提升了绿色竞争力，推动“点绿成金”，促进绿色富民和当地社会经济可持续发展。

文 ◎ 林晓丽

讲好丹霞故事，展示中国智慧

——广东丹霞山以科学名山建设实现可持续发展

说起丹霞山，人们往往会对它独特的丹霞地貌和奇美的风光印象深刻，常常把它看作是一个传统的山岳型旅游目的地。

丹霞山是南岭南麓的一个山间盆地，总面积292平方千米，以赤壁丹崖为特色，因“色如渥丹，灿若明霞”得名。在方圆300平方千米的丹霞山保护区内发育有680多座形状各异的山峰，如石堡、石柱、石墙、石桥。在全球已经发现的1000多处丹霞地貌中，丹霞山的丹霞地貌发育最典型、类型最齐全、造型最丰富、景观最优美，因此，有“中国最美的丹霞地貌”之名。但丹霞之美，远远不止丹霞地貌。

这里还是南岭山脉的生态明珠。丹霞山特殊的峰林峰丛地貌和充足的水资源，形成了奇特的“孤岛效应”和“热岛效应”，为大量珍稀濒危物种提供了避难所和栖息地。据不完全统计，从山顶到山脚，从无人区到乡村田园，丹霞山有20多种生境类型，截至2022年6月，已查明野生维管类植物2270种，

丹霞地貌　　刘加青／摄

大型真菌300余种，昆虫1516种，蜘蛛100余种，鱼类、鸟类、两栖爬行动物和兽类等脊椎动物446种。

这里还孕育有厚重的丹霞文化。作为岭南四大名山之一，丹霞山在魏晋时期已经成为岭南名胜。千百年来，岭南文明、禅宗文化、客家文化、疍家文化、道教文化在这里融合形成了璀璨的丹霞文化，古山寨、古寺庙、古道观、古村落、古墓葬、古驿道星罗棋布，古摩崖遍布全山，古岩画镌刻在锦江沿岸，留下了多姿多彩数量庞大的文化遗产。

如今再谈论起丹霞山，大家会不由自主地将它当成一个“大自然学校”，一座可以满足不同年龄阶段群体接受“科普教育”的“科学名山”。人们对丹霞山认知的变化，究其原因，不仅源于大家对丹霞山自然禀赋价值的再认识，更源

丹霞山东部群峰

刘加青 / 摄

古村童趣　　谢海燕／摄

于对丹霞山地学价值、文化价值、美学价值和生态价值的有效挖掘。

保护与发展，考验管理者智慧的必答题

对于世代居住在丹霞山的本地人来说，生存发展很大程度上依赖于丹霞山的自然资源，他们传统的生计方式以种植、养殖、捕捞、狩猎、砍伐、采石、采砂为主。1980年，丹霞山开始开发旅游业，1986年设立了丹霞山国家级风景名胜区，1995年设立了丹霞山国家级自然保护区，2000年设立了丹霞山国

碧水丹崖　　韶关市丹霞山管理委员会／供图

家公园，2004年成为世界地质公园，2010年成为世界自然遗产……品牌越来越大、越来越多，游客多了，但对丹霞山的保护要求也越来越严格了。原来属于村集体的山林田地均需要依法依规严格保护，种下的树不让砍了，猪牛羊不让养了，捕捞狩猎采砂采石全面禁止，村民的生活生产受到了全面的制约。加之早期规划设定的范围不够精确，缓冲区里存在大量的村庄和果园田地，不让建房、不让砍树、不让野外用火等严格的管理措施和保护要求与保护地内居民的生产生活发生了巨大的冲突，形成了保护区保护与发展不可调和的矛盾。如何推动保护区的社区居民转型发展支持保护区的生态保护并实现可持续发展，成为丹霞山国家级自然保护区管理局亟待解决的现实问题之一。

在早期丹霞山社区发展中，社区居民参与旅游的方式主要有三种：一是在景区旅游企业就业，多为保洁、园林绿化、安保等技术含量低的岗位；二是利用自家民居自主经营农家乐提供食宿服务；三是摆摊售卖旅游纪念品、土特产或做乡土导游带客上山。由于旅游开发在前，保护区划定在后，再加上村民教育水平不高，大家对于保护区的功能与意义的理解很有限，常常以追求经济效益为先，对于保护区的建设管理则少有关心。

既要守护好自然风光，又要富裕百姓腰包，成了考验丹霞山智慧的必答题。丹霞山并没有一味采取"壁垒式"保护，也没有为了经济一味开发旅游，而是以科研科普工作为抓手，依托社区，发动当地村民和社区居民，逐步探索和实践出了"以科研助推科普，以科普孕育产业"的发展模式。

科研助推科普

近年来，丹霞山保护区管理局充分探索多方参与支持保护区科学研究，主动服务、积极外联，充分发挥了高校、科研院所和专家团队的力量，先后与中山大学、中国地质大学等国内30余所高校和科研院所建立产学研关系。

在长达十多年的探索实践中，丹霞山保护区管理局通过开展广泛的科研合作、引入新技术手段、建立多层次科研监测队伍等措施，进一步摸清丹霞山资源家底，为丹霞山的科普教育与科普宣传工作提供了基础素材支撑。丹霞山保护区管理局与高校或科研院所编写了多本不同广度和深度的科研和科普教育教材，如《广东丹霞山动植物资源科学考察》《丹霞山常见野生动物》《丹霞山蝴蝶图鉴》《丹霞山植物图鉴》《奇美天成丹霞山》《图说丹霞山》《中国丹霞》《漫画丹霞》《丹霞山大学地质地貌实习教材》《生态环境野外综合实习教材》等。

丹霞山保护区管理局专门制定了针对高校和科研机构的门票减免政策，向省内外一大批地质、生态、林业、旅游等特色院校和科研机构发送《致高校和科研机构的一封信》，介绍优惠政策和配套服务，赠送保护区规划和科普图书，吸引了中山大学等一批高校落地丹霞山实习和科研。每当有教学和科研团队到达丹霞山，保护区管理局都会邀请专家们为社区居民开展培训，并安排社区居民跟随专家团队学习；依托丰富的专家资源，保护区管理局建立了主题不同的微信群，邀请专家们入群答疑解惑，为社区居民提供了线上线下学习平台。就这样慢慢把植物达人、动物达人、地质达人、蘑菇达人、天文达人等培育起来了，而社区居民和达人们也与专家们变成了朋友，建立了深厚的友谊，不断把日常在丹霞山的新发现报告给专家，为专家们发现新物种开展新项目提供了珍贵的一手信息。像丹霞

丹霞兰

陈再雄 / 摄

兰、丹霞堇菜、丹霞小花苣苔、丹霞山天葵、黄进报春苣苔、丹霞铁角蕨等一批新物种都是植物学家根据朱家强、陈再雄、郭剑强、邓伟胜等社区科普达人提供的线索确定和命名的。

科普人才有了，技术自然也不能落后。丹霞山保护区管理局先后引进空气自动监测、地质遗迹和地质灾害自动监测、野生动物自动监测等新技术手段，对区内的地质遗迹、生物生境、环境质量等开展全方位的实时监控和监测，提高科研监测的广度和深度。通过新技术的引入，掌握了更多野生动物栖息的规律，为社会公众认识丹霞山的生物多样性保护价值提供了新窗口，也为保护区管理局工作人员开展生态保育工作提供了有效的信息支撑。

人才欠缺是国内多数自然保护区管理机构面临的共同痛点，远在深山很难留住人才。通过多年探索与实践，丹霞山保护区管理局充分借用外力，凝聚了社会各界人才，逐步建立了由管理机构工作人员、科研机构专家、行业科普达人、社区原居民、景区从业人员组成的多层次的科研监测和科普传播队伍，为丹霞山保护管理提供了强大的人才支撑。截至2022年6月，丹霞山已经建立了一支600余人的科研监测队伍，他们有上百人常年活跃在丹霞山开展科学调查和研究，更多的则是活跃于全球各地把最新的科研动态和国际交流的机会分享给丹霞山，大家一起通过科研和科普的方式对丹霞山的价值进行广泛的传播。

现任保护区管理局局长谢庆伟就是一个带头参与科研监测的管理人员。2020年起，为了支持丹霞山鸟类监测项目，他在繁忙的行政工作之余，利用自己的摄影特长，学习鸟类观察和拍摄，每天上班之前和下班之后就去保护区各个片区巡查监测，晚上比照图鉴进行鉴定，两年来拍摄了鸟种200余个，为丹霞山新发现20余个鸟种，并且成为社区“鸟导”，成为鸟类课程的执行老师。目前，他又为自己“加码”，加入昆虫监测行列，他还带动了全县上百位摄影家协会会员加入丹霞山生态文明摄影队伍，拍地质地貌、拍野生动植物……每年推出的大批摄影佳作中，风景摄影已经不再独占鳌头，《丹霞山前白鹭飞》《鸢舞丹霞》《神秘莫测丹霞兰》《银河下的阳元石》……这样的生态大片日益增加，丹霞山的生态文明理念和价值得到广泛传播。

科普孕育产业

基于丹霞山得天独厚的资源优势，丹霞山保护区管理局通过加强科普基础设施建设、完善科普体系等途径，加强科研和监测成果转化，研发专业研学产品，丰富丹霞山旅游新业态，为社区居民提供新的发展机遇。

首先是打造科普研学线路。依托丹霞山的资源禀赋，丹霞山管委会在开放区域建设了9条特色鲜明、主题各异的科普研

乡村油菜花研学活动　　韶关市丹霞山管理委员会 / 供图

学线路，设立1000多块图文并茂的科普解说牌。在园区内实行人车分流的管理方式，确保了观光旅游与科普体验不冲突。与此同时，丹霞山保护区管理局还根据不同的科普受众群体需求完善丹霞山博物馆生物多样性厅等科普场馆及设施。

丹霞山新建设的观鸟、观蝶、观萤3条主题教育径都选在游客较多的位置，特别是观鸟小径就在景区最热闹的地方，临锦江绕过瑶塘村边，水边、林间、田里和村里都能看到各种鸟类。常常遇到粤港澳大湾区的城市游客徜徉在小径上学习鸟类知识，他们感慨，生活在这里多么幸福，举目是碧水丹山的美好景观，林间百鸟争鸣，村民或经营或导游或耕作，收入稳定，不用外出务工，在家门口就可靠着旅游致富，让人羡慕。

村民们对于鸟儿们也是精心呵护，草莓、杨梅、蓝莓、葡萄、柑橘、柚，再贵重的水果也不会张网阻拦鸟儿们。种植石斛的村民朱云拍了一段松鼠偷吃铁皮石斛的视频，上千元一斤的石斛松鼠尽情地吃着，而他还在配音“吃吧吃吧，你是山里的保护动物”，这也是丹霞山人普遍对待野生动物的态度。在观萤小径，夜间有成千上万的萤火虫飞舞，成为夏日最吸引人的游览项目。保护区坚持一团一导游，严格控制参观人数，确保所有游客不捕捉、不惊扰萤火虫。而这一片生境，也坚持了多年的野化保护，不做人工园林种植，不用化学除草剂，不改变湿地水体，为萤火虫繁育提供了优质生境。

其次是要培养多维度科普人才。在建立科研监测队伍的期间，丹霞山保护区管理局也注重对科普队伍的培养，并通过举办科普志愿者训练营、科普导师培训等方式，建立了一支由科普顾问、研学导师和科普志愿者组成的600多人的“三维一体”科普导师队伍。科普导师队伍是丹霞山对外开展科普教育的重要力量。据不完全统计，科普导师每年在全国范围开展的“中国丹霞进校园”讲座超过300场，大批本地科普导师如蝴蝶姐姐、鸟人、苔藓小矮人、豆腐姐姐、石斛大叔、蓝莓奶奶、乡村梅子等科普达人更是丹霞山科普游的主干力量，每年服务的公众超百万人。

“古寨坪山庄”是夏富村返乡创业的梅子夫妻在阅丹公路

在丹霞山开展的小学生观鸟课程　　梁惠芬／摄

边开的一间农家乐，传统经营模式很难吸引更多游客，生意并不兴隆。保护区管理局负责人就根据她家情况帮助开设了乡村美食学堂，让她把种豆子磨豆腐、舂大米做年糕、摘蕉叶做糍粑、采艾叶做艾果等乡村美食开发成课程，并帮助她学习抖音新媒体进行推广。转型科普服务后，梅子家的乡村美食科普课程持续火爆，高峰期周末和节假日每天预约人数超过600人，平常也成为团队活动好去处。“乡村梅子”抖音号粉丝已达3177人，成为乡村新“网红”。科普课程不仅带旺了梅子家的农家乐，还解决了村里十来位乡村妇女的就地就业，同时全村的黄豆全部由梅子加价收购，带动了整个村的增收，为乡村旅游注入了新活力。在丹霞山保护区管理局的引导和帮助下，原色宇哥、印象小蜜、丹霞姑娘等一大批返乡创业者像梅子这样

丹霞山科普志愿者训练营活动　　韶关市丹霞山管理委员会／供图

由经营者和创业者成功转型为科普产业带头人，凝结在丹霞山周围，形成了充满活力、友爱互助的学习成长型社区，构筑了独一无二的丹霞山科普小镇。

此外还要建立和完善科普体验产品，打造品牌效应。丹霞山保护区管理局深入挖掘和整合丹霞山及周边资源，按照学科体系划分，以学龄层次和学时为依据研发了200多个科普体验产品，内容涵盖地质地貌、地理、生物多样性等，适合不同年龄段学生体验学习。经过多年的摸索与实践，目前形成了“奇美天成丹霞山——知其然更要知其所以然”“脚踏丹岩——探秘丹霞山世界自然遗产地”“林间飞羽”“国宝丹霞”等深受大众喜爱的精品科普课程。

丹霞山保护区管理局在推进科普教育工作的过程中也兼顾

科普品牌输出，并逐步形成了品牌输出模式。一是通过积极举办自然观察系列比赛、公益科普体验课程等丰富科普活动，吸引中小学师生走进丹霞山，通过优质服务形成口碑效应；二是通过举办推介会、科普讲座进校园、走访对接等方式加强与教育行政部门、学校和研学机构对接，宣传推介丹霞山丰富的研学资源，形成良好的合作关系。

丹霞山保护区管理局副局长陈昉从申报世界自然遗产工作开始扎根丹霞山10余年，2016年成功入选联合国教科文组织世界地质公园评估专家。她利用自己的英语交流优势，积极了解全球各地世界遗产和世界地质公园保护管理和科研科普的先进经验，想方设法争取多部门支持落地丹霞山，推动了丹霞山科普工作和社区共建的创新发展。2019年，丹霞山成为全球首批中国独家的“联合国教科文组织世界地质公园导师制培训基地”，陈昉担任导师，在联合国教科文组织拨付的资金资助下，先后为俄罗斯和泰国地质公园管理人员提供培训，社区科普达人均担任不同类型的培训课程老师，成为第一批“挣了联合国美元”的人，极大地激发了社区科普从业者的自豪感。

科普教育，林草实践的新范式

丹霞山保护区管理局持续推动的科普教育工程，有效保护了生态环境、生物多样性。

2019年以来，丹霞山相继发现12个动植物和菌类新种，截至2022年6月，累计发现丹霞梧桐、丹霞兰、丹霞小花苣苔、丹霞堇菜、丹霞山天葵、丹霞柿、黄进报春苣苔、丹霞刚竹、丹霞瘦脐菇、陈氏珠毛泥甲等25个新物种，大都是丹霞山特有物种，目前还有大批新物种待鉴定发表。国家一级重点保护野生动物中华秋沙鸭、黄胸鹀等频繁现身，野外监测显示，有30余种国家二级重点保护野生动物非常活跃，种群数量显著增加。白鹇、黑鸢、褐翅鸦鹃成为游步道上游客常常遇见的鸟类，夜间成百上千只萤火虫飞舞在山林间震撼了一批批城市游客，这些都成为丹霞山生态旅游的新景观。空气质量常年优异，云海日出、佛光彩虹等气象景观频繁出现，夜间的灯光管控保证了游客可以欣赏到满天繁星银河高悬，丹霞山最受欢迎的天文观星体验科普服务应运而生。锦江水质持续向好，常年保持在Ⅲ类以上，绝大部分时候达到Ⅱ类以上，游船、划船和竹筏等水上旅游项目效益良好，水上丹霞旅游热销。

丹霞山的天空更蓝了，水更绿了。丹霞山保护区管理局开展科普教育工作以来，丹霞山园区内基本未发生居民和游客破坏自然生态的行为，村民和社区居民对野生动植物的保护和包容已成为日常自觉，从未有一起因野生动物偷吃蔬果药材农作物到保护区索赔的事件。随着丹霞山野生动植物物种数量不断增加，新种、新分布记录种不断刷新，显著提升了丹霞山多样性的科学价值，在我国自然保护地中生态资源禀赋的珍贵性和重要性更加引人瞩目。

在多方的支持和努力下，靠着科普游拓展和提升了丹霞山的生态旅游服务，碧水丹山金山银山的转化逐渐加速，年接待游客300万人次，其中参与科普旅游的游客比例逐年攀升，科普研学旅游收入迅速增长，带动了乡村旅游、生态旅游和休闲旅游的稳步增长，科普产业创造了丹霞山新的经济增长点。丹霞山推动的科普教育有效地营造了社区和谐的氛围环境，在科普小镇全域共同学习成长的氛围下社区居民与管理者和游客和谐相处，乡村社区居民的科学素养和生态文明理念不断提升，科普教育的社会效益得到不断体现。

丹霞山保护区管理局的工作人员心中都牢记着这四句话："守得住碧水丹山，富得了一方百姓，对得起八方来客，传得了子孙后代"，他们是这样想的，也是这样做的。这样的初心坚守为丹霞山的保护工作赢得了广泛的支持，越来越多的科学家加入了丹霞山的科研科普队伍，越来越多的志愿者成为丹霞山科普工作的执行者，越来越多的社区居民、村民和游客感受到了当代人要为子孙后代守好这座山的使命和责任，越来越多的公众加入了生态文明传播者、践行者的队伍。

文 ◎ 李贵清　马益冬

湘西世界地质公园
助推精准扶贫

湘西土家族苗族自治州（以下简称湘西州）地处武陵山脉腹地，喀斯特地貌广泛发育，在这片神奇的土地上，不仅居住着300万各族人民，也孕育出了湘西世界地质公园这颗璀璨的明珠。公园总面积2710平方千米，山水奇秀险峻，地质遗迹资源丰富多彩，被誉为“寒武金钉、岩溶奇观”，既是湘西州地质遗迹分布最集中的地区，也是贫困人口高度集中的地区，是中国典型的“喀斯特贫困”地区。

为破解喀斯特地区减贫难题，湘西州坚持以首倡之地担起首倡之责，在党的十九大召开之年，作出了整合全州重要地质遗迹资源申报湘西世界地质公园的重大决策，作为精准扶贫的重要抓手，成为跨区域申报和助推精准扶贫的典范。在申报过程中，湘西州先后投入10多亿元资金，对公园的地质遗迹进行有效保护，对公共服务设施进行大规模提升改造，对人民群众的居住条件和环境进行改善和治理，全力打造世界级品牌。

云雾中的矮寨大桥　　湘西土家族苗族自治州地质公园管理处／供图

2020年年初，湘西地质公园涉及的7个县市全部脱贫摘帽。同年7月，湘西地质公园被正式列入世界地质公园网络名录。通过申报湘西世界地质公园，推进“地质+旅游”深度融合，实现了对湘西州原来分布在多个县市的国家、省级地质公园的深度整合，有力地提高了旅游知名度、美誉度和影响力，让当地群众享受到了地质旅游发展带来的红利，生动践行了联合国教科文组织世界地质公园网络的重要宗旨：以旅游促进地方经济发展。

十八洞：地质旅游为精准扶贫注入新动能

站在十八洞村梨子寨观景台放眼望去，地质景观尽收眼

十八洞村美如画　　湘西土家族苗族自治州地质公园管理处／供图

底，峡多、峰奇、山美、水秀、洞幽、林茂，是这里最真实的写照。早在2002年，这里便成为古苗河省级地质公园的重要组成部分，地质遗迹资源十分丰富，但受交通闭塞等因素影响，长期处于原始状态，没有得到合理开发利用。

2013年的11月3日，习近平总书记在十八洞村提出了“实事求是、因地制宜、分类指导、精准扶贫”的重要指示。经过几年的探索，十八洞村走出了一条有特色的精准扶贫路子，2017年整村实现了脱贫，村容、村貌、村民的精神面貌都发生了翻天覆地的变化。

在十八洞村脱贫摘帽的新起点上，这一年全面启动的申报湘西世界地质公园无疑为十八洞巩固脱贫攻坚成果注入了新的动力源。通过项目建设，新建了游客服务中心、游步道、旅游厕所、交通引导牌、景区标识系统、科普解说牌等旅游公共服务设施，为发展地质旅游奠定了坚实基础。通过区域联动，深入推动与距离仅有3千米的排碧阶“金钉子”和10多千米的矮寨奇观旅游区联合发展，以“红色文化、地质奇观、民俗风情”为主题的复合旅游产品备受游客青睐，成功入选“建党百年红色旅游百条精品线路”。通过开展科普宣传，世界地质公园建设宗旨和发展理念在十八洞村深入人心，掀起了“保护地质遗迹、参与地质旅游”的热潮。通过推进共建共享，十八洞山泉水公司、十八洞苗族博物馆等4家单位成为湘西世界地质公园合作伙伴。

施成富是十八洞村第一个开农家乐的人，随着地质旅游的兴起，施成富的生意也越来越红火，小儿子施全友也放弃在外打工，返乡一起经营。在他的带动下，村里陆续开办了十几家农家乐，年收入都在20万元以上。近年来，十八洞村依托丰富的地质旅游资源，紧紧抓住“乡村旅游”这个产业发展“牛鼻子”，大力发展“旅游+N”产业，探索出了精准扶贫的“十八洞模式”，并实现了从“深度贫困村”到“小康示范村”的蝶变。

如今的十八洞村，已成为享誉全国的国家5A级旅游景区重要组成部分，村民人均纯收入从2013年的1668元增加到

十八洞村举办庆祝活动　　张德平 / 摄

2020年的18369元，老百姓们早已摆脱贫困的“阴霾”，家家喜笑颜开。

矮寨：峡谷深处有人家，地质旅游促脱贫

百年路桥奇观，千年苗寨风情，万年峡谷风光，如今的矮寨奇观旅游区已成为国内外知名的旅游目的地。横跨峡谷之巅的矮寨大桥，凝聚着不畏艰苦、自主创新、为幸福生活不断奋斗的中国智慧、中国精神，也见证着湘西人民脱贫攻坚奔向美好生活的进程。

“德夯”在苗语中意为美丽的峡谷，溪流纵横，瀑布飞泻，群峰竞秀，风情如梦，其美既在于让人目不暇接的自然风光，也源于绚烂多彩的人文景观，这里是地质和神秘的结合，这里可以诗意般地栖居，这里也是游人心驰神往的远方。20世纪90年代，随着德夯省级地质公园的建立，峡谷深处的德夯和苗族儿女开始走出深闺，用美景、风情迎接八方游客。

2012年，创下“四个世界第一”的矮寨大桥建成通车，矮寨虽再添世界级风景，但一直缺乏世界级旅游品牌支撑，地质旅游面临着很大的发展瓶颈。为让矮寨真正地火起来，湘西州委、州政府作出了世界地质公园、国家5A级旅游景区同步申创、同步建设、同步推进的战略决策。短短3年多时间，矮寨奇观旅游区各项旅游公共服务设施得到了大幅度丰富和改善，推出了悬崖栈道、天桥仙居等旅游新业态、新产品。湘西世界地质公园成功申报后仅一年时间，矮寨·十八洞·德夯大峡谷景区便成功创建国家5A级景区。

矮寨的旅游越来越火，过去囿于峡谷的村民不出远门也能直接在家门口就业，景区讲解、清洁、售票等服务性岗位一应俱全，部分贫困户还拥有了自己的免费摊位，用来售卖小商品，更有敢第一个“吃螃蟹”的人，在家门口开起了农家乐，日子日渐红火，德夯苗寨和矮寨镇区公路两旁的民宿客栈、餐馆、特产店鳞次栉比，矮寨大桥两端的幸福村、家庭村更是成了远近闻名的乡村旅游示范村。

德夯苗寨——鼓乡　向民航 / 摄

旅游产业发展得越来越好，很多年轻人也选择了回乡就业，吴晓现在是景区公司的一名导游，她的家就在大桥下的矮寨镇上。“小时候曾经以为要远离家乡谋生，没想到现在能在家门口工作。小时候坐车走矮寨公路，需要半个小时，现在从这头到那头，只要一分钟。”吴晓指着大桥说，矮寨大桥是一座旅游致富之桥，而湘西世界地质公园更是为我们的美好生活插上了腾飞的翅膀。当前，矮寨 · 十八洞 · 德夯大峡谷景区正全力创建生态文化旅游助推乡村振兴示范区。

芙蓉镇：挂在瀑布上的千年古镇成为“网红打卡地”

“大家好，这里就是著名的芙蓉镇网红瀑布，像不像人间仙境呢？”在芙蓉镇景区观景台旁，一位穿着时尚的女士将手机固定在自拍杆上，正兴奋地对身边美景进行直播，喜悦之情溢于言表，而在她的身旁，还有更多的直播团队在热火朝天地忙碌。

芙蓉镇，又名王村，是一座拥有两千多年历史的古镇。1986年，著名导演谢晋执导的同名影片《芙蓉镇》一经上映，便让这座“养在深闺人未识”的千年古镇成了家喻户晓的“超级明星”，也让当地百姓吃上了“旅游饭”，但电影风头一过，加上吃、住、行等旅游要素限制，芙蓉镇大瀑布等优质地质资源一直处于开而不发状态，旅游产业不温不火，如何让这座千年古镇重新焕发生机？成了压在当地党委、政府心上的一块“千斤石”。

2018年，在湘西世界地质公园申报期间，湘西州永顺县人民政府与湖南华夏投资集团有限公司成功签订芙蓉镇旅游开发合作协议，当地党委、政府和公司通过对景区资源进行分析研判，最终把目光锁定在了这道高60米、宽40米的芙蓉镇三级大瀑布上，决定将这一地质遗迹进行科学保护和合理开发，并作为景区IP在抖音、快手等短视频软件上密集推广，对区域内各

雪霁芙蓉镇　　李永生／摄

古镇瀑布夜景　　湘西土家族苗族自治州地质公园管理处／供图

项旅游公共服务设施进行提质升级，推出了《花开芙蓉·毕兹卡的狂欢》山水沉浸式演艺等旅游新业态项目，短短一年时间，芙蓉镇摇身一变，成了湖南省首批十大特色文旅小镇、中国“网红打卡地”，游客量也从2018年前的70余万人次，激增到2019年的600万人次，越来越多的游客来到古镇赏瀑布、品美食、住民宿。

而网红瀑布的诞生不仅带动了当地旅游产业发展，也让依瀑布而建的土家吊脚楼成功“转身”，成为备受青睐的观景民宿，上百家特色产品店、餐饮店星罗棋布，充分发挥了地质公园吸纳、带动就业的作用，让贫困群众在核心景区从事宾馆服务、商业经营等服务，真正实现了以小支点撬动大产业的目标。

世界地质公园的宗旨之一就是通过地质遗迹的保护利用，推动减贫事业发展。站在新的历史起点上，湘西州也将秉承“开发、保护、创造、共享”的宗旨，严格按照世界地质公园的建设标准，在注重地质遗迹和生态环境保护与开发的同时，在乡村振兴方面进一步进行探索与创新，变“喀斯特贫困”为“聚宝盆”，走出一条可复制可推广的发展之路，贡献地质公园助推乡村振兴的“湘西经验”。

文 ◎ 周拥军

沙海驼铃响，八方游客来

——新疆生产建设兵团驼铃梦坡国家沙漠公园探索

20世纪70年代末，美国卫星发现中国西部古尔班通古特沙漠南部，有一个绿色的“半岛”，它如锋利的犁铧直插沙漠70千米。在极度干旱荒凉的古尔班通古特沙漠边缘，这个相当于欧洲小国安道尔面积的绿色“半岛”（451平方千米），引起了美国人的好奇：是什么魔力使得黄色的沙海变幻出一个绿色的“半岛”？1978年9月，联合国为此组织了7个国家的17名治沙专家来到沙海“半岛”所在地。当他们参观完这块人工绿洲后，发出惊叹：这是世界治沙史上一个不可思议的奇迹。

新疆生产建设兵团驼铃梦坡国家沙漠公园正位于“犁铧”的尖上——新疆生产建设兵团第八师一五〇团。

亘古荒原迎新客，黄色瀚海着绿装

1958年5月，农八师从垦区各团抽调650名共青团员和技术

驼铃梦坡大门　　新疆生产建设兵团第八师林业和草原局 / 供图

人员在莫索湾垦区最北端的西古城组建共青团农场（一五〇团前身）。这是一群来自五湖四海、风华正茂、激情澎湃、胸怀将荒原变绿洲伟大理想的热血青年，他们在这片亘古荒原即将开始奋斗一生的屯垦事业，建设他们心中的“共青城”。天当房、地当床、星星是灯光，这是初到荒原青年们的第一个晚上生活的真实写照。青年突击队员们从挖洞作屋、打井取水、开荒运荒、挖渠灌溉、植树造林开始了他们战天斗地、改天换地变荒原为绿洲的辉煌灿烂的军垦生涯。

一五〇团地处天山北麓，准噶尔盆地南部，莫索湾北端风积沙漠与荒漠交错地带，在这里水比油金贵。挖渠引水是青年们面临的第一道难关，没有机械，他们用铁锹一锹一锹地挖，

绿色屏障　新疆生产建设兵团第八师林业和草原局／供图

用小推车一车一车地推，经过几个月的不懈努力，终于把天山的雪水，引到了这里。青年们沸腾了，有了水，荒原就能变成有活力的绿洲了。水解决了，青年队员们又开始了与风沙的战斗：水通到哪里，树就种到哪里，树种到哪里，人就定在哪里。经过一代军垦人的奠基，二代、三代军垦人的继承和发扬，亘古荒原终于变成了楼房林立、绿树成荫、道路纵横交错、街道车水马龙的绿色城镇，青年们理想的“共青城”终于实现了。

红色血脉代代传，绿色发展日日新

“生在井冈山，长在南泥湾，转战数万里，屯垦在天山。”王震将军的这首诗不仅是对自己戎马一生的写照，更是对新疆生产建设兵团及其前身成长发展历史的形象概括。而一五〇团正是新疆生产建设兵团下辖下的一个团场，红色的基因深深地印在了每个团场人的血脉里。风头水尾，沙漠边境，秉承着不与民争地争利的爱民情怀，兵团儿女创造出“热爱祖国，无私奉献，艰苦创业，开拓进取”的兵团精神。习近平总书记明确将兵团精神列入中国共产党精神谱系之中。

一五〇团沙漠团场的特点尤为突出，又被世人称为“三到头”（水到头、路到头、电到头）团场。团场最突出的特点就是防风治沙、植树造林，一代代团场人，学习传承兵团精神，坚持绿色发展理念，履行生态卫士职责，不断推进团场绿色可持续发展。立团之初，团场就把植树造林、保护生态作为团场发展的生命线；面对三面环沙的自然环境，该团历届党委始终坚持生态立团、生态戍边，对于沙漠的治理从“被动防护”到“主动防护”，从“先内后外”到“由外到内”，注重从源头治理，重点解决条田外围沙漠植被稀疏、流沙移动的问题，对荒漠植被进行严格封育保护，对农田周边3千米范围内的荒漠进行人工补植梭梭，带领全团干部职工，大力营造四级生态防护体系，建设多层次防沙治沙绿色防线，创造了人进沙退的奇迹。

通过60多年不懈努力，一五〇团在三北绿化工程的引领下，在“沙海半岛”构筑起防沙治沙的四道绿色防线——荒漠

人进沙退　　吴欣政 / 摄

防风固沙林、防风阻沙基干林、农田防护林、人居绿化防护林，营造人与自然和谐相处、生态宜居宜业的环境。一五〇团现有林地282491.4亩，其中国家级公益林249713亩，农田防护林9338亩，防沙基干林10787亩，经济林6654亩，退耕还林6000亩。全团森林覆盖率为38%，镇区绿化覆盖率达到42%。

一五〇团在生态建设过程中赢得了诸多荣誉："全国防沙治沙先进单位""全国三北防护林建设30年突出贡献单位""西部大开发兵团区域经济增长最快的10个团场之一"等。

2021年12月15日，国家林业和草原局下发《关于公布全

环团100千米大型防护林　　吴欣政／摄

国防沙治沙综合示范区保留名单的通知》（林沙发［2021］110号），经过严格考核验收，第八师一五〇团顺利通过“全国防沙治沙综合示范区”评估审核，继续保留“全国防沙治沙综合示范区”荣誉称号。一五〇团是此次兵团唯一获得该荣誉的单位。

“两山”理念为指导，绿洲焕发新活力

20多年前，诗人徐望云慕名来到一五〇团游览大漠风光，即兴为一五〇团沙漠生态旅游区起了“驼铃梦坡”这个充满诗

人居绿化防护林　　吴欣政／摄

意的名字。“驼铃摇荡在你的梦里，金色的梦让瀚海光彩靓丽。驼铃梦坡你是那样的神秘，让我心灵中充满情意……”由晨枫作词、田歌作曲、冯瑞丽演唱的《驼铃梦坡恋歌》在沙海绿洲中回荡，唤醒了沉睡的沙海，揭开了神秘绿洲的面纱，清脆的驼铃声卷起了阵阵波澜。

近年来，团场坚持以习近平生态文明思想为指导，深入践行“绿水青山就是金山银山”理念，积极组织和带领全团广大干部职工群众艰苦奋斗，开拓创新，投身于植树造林、防沙治沙，加强生态环境建设的事业之中，使昔日风沙肆虐的荒漠、碱滩，变成了如今山川秀美的新绿洲。

在前辈们建成绿洲的基础上，团场积极开展国家沙漠公园的申报与建设工作。2014年，国家林业局选定了23个国家沙漠公园作为试点开展建设工作，新疆兵团驼铃梦坡国家沙漠公园名列其中。沙漠公园位于中国第二大沙漠——古尔班通古特沙漠的西南边缘，平均海拔360米。公园区域南北跨幅约7.4千米，东西跨幅约5.8千米。总面积2039.78公顷。其中湿地面积11.78公顷，占公园总面积的0.6%；林地面积187.5公顷，占公园总面积的9.2%；沙地面积共约1797公顷，占公园总面积的88.1%。沙地类型绝大部分为固定和半固定沙丘，占公园沙地的96%，公园北部有极少面积的流动沙丘。风沙土系固定和半固定沙丘，由新月形沙丘及蜂窝状沙丘组成。公园区域内动植物资源较为丰富，以耐干旱、根系发达以及能够适应新疆地域特征的动植物为主，荒漠植物主要有胡杨、梭梭、柽柳、铃铛刺、骆驼刺、沙拐枣、白刺、碱蓬、野西瓜、沙参等，共有植物24科、89属、149种，其中有较高药用价值的植物有肉苁蓉、甘草、沙参等几十种；动物有国家一级重点保护野生动物野马，国家二级重点保护野生动物野猪、黄羊、狼以及野兔、狐狸、跳鼠、蜥蜴，鸟类有乌鸦、野鸡、老鹰、沙枣鸟等，构成了一座生机勃勃的野生动物园。黄羊、野兔、狐狸等时有出没，有远离尘嚣的野趣与神秘之美。

驼铃梦坡沙漠公园是目前新疆北疆地区最大的沙漠生态旅游景区。自开发建设以来，一五〇团始终为提升品质和服务在

浪漫恋歌　　新疆生产建设兵团第八师林业和草原局 / 供图

驼铃梦坡景区蒙古包　　新疆生产建设兵团第八师林业和草原局 / 供图

不懈地努力，景区已经累计投资2000万元，硬件设施和服务水平得到了长足提高，景区餐饮服务极具特色。2012年国家旅游局批准驼铃梦坡为国家4A级景区后，该团扩建了通往景区的主要道路，改造了道路指示牌和景点介绍牌；相继建成了1万多平方米的绿色生态停车场、650平方米的游客中心和一个由25个蒙古包组成的25000平方米的篝火晚会宿营地。人性化的基础设施布局把现代融进古朴，智能化、数字化的旅游服务网络为游客提供了最大的方便，标准化的景区管理确保了游客乘兴而来、尽兴而归。

原始、粗犷的沙漠世界，波澜壮阔的自然景观，吸引众多游客纷至沓来。“驼铃梦坡”自开放旅游以来，以其独特的大漠风情和厚重的军垦文化吸引了海内外大量的游客，其中不乏一些国内外知名人士慕名而来。海内外游客对“驼铃梦坡”满意率测评一直保持在95%以上，同时景区得到央视七套、兵团卫视、《兵团日报》、石河子电视台等主流媒体和地方媒体高度褒奖；原国家林业局领导曾多次来驼铃梦坡考察工作，对一五〇团人在沙漠中取得的成绩给予了高度评价；2010年驼铃梦坡旅游区被国家旅游局评为最佳旅游自驾游精品线路和旅游精品宿营地；2013年，在北京召开的“第四届中国最令人向往的地方”颁奖晚会上，一五〇团驼铃梦坡景区从全国140多个旅游景区中脱颖而出，荣获“中国最令人向往的地方”称号；同年，一五〇团西古城镇被国家授

寻梦亭　　新疆生产建设兵团第八师林业和草原局／供图

予“2013美丽中国十佳旅游镇”称号，这也是国家旅游行业最高奖项。2020年“五一”期间，在公园举办了“浪漫星空　驼铃梦坡”新疆石河子首届沙漠网红音乐节，据石河子城投集团城市服务党建项目组提供的数据，驼铃梦坡景区5月1日当天接待游客近6000人，5月1日至5日共接待游客12000多人次，景区门票收入约16万余元，日接待游客数量及收入均创历年最高水平。

一五〇团以实际行动践行了“两山”理念，塑造了时尚沙漠文化旅游品牌，扩大了驼铃梦坡国家沙漠公园的知名度，增加了旅游收入，为绿洲发展注入了新活力。

国家公园新机遇，赓续前人绿色因

2019年，中共中央办公厅、国务院办公厅印发了《关于建立以国家公园为主体的自然保护地体系的指导意见》，并发出通知，要求各地区各部门结合实际认真贯彻落实。驼铃梦坡国家沙漠公园迎来了发展的新机遇。

在习近平生态文明思想引领下，在国家公园的新机遇里，驼铃梦坡沙漠公园一定会在以国家公园为主体的自然保护地体系建设上走在前头。

驼铃梦坡沙漠公园属于固定、半固定沙漠范围，生态系统相对稳定，天然植被状况良好，而水资源欠丰，因此，保护优先的原则是沙漠公园建设的重中之重。继续完善驼铃梦坡沙漠公园规划，根据驼铃梦坡沙漠公园规划区现状，结合预设景观特点和资源特色，在充分考虑生态保护和功能完备的前提下，做好驼铃梦坡沙漠公园规划，要坚持一张蓝图绘到底，根据规划逐步推进国家沙漠公园的建设与发展。

一五〇团要传承兵团精神，以战天斗地、改天换地的老一辈军垦人为榜样，以“咬定青山不放松”的韧劲、“不破楼兰终不还”的拼劲、“绝知此事要躬行”的干劲，以生态固沙、沙地增绿、植物美化等三项为重点建设内容，持续推进沙漠治理。生态固沙，以营造梭梭林为主，每年春季在沙地保育区内

左宗棠时期的烽火台　　新疆生产建设兵团第八师林业和草原局 / 供图

采用白梭梭无灌溉造林，充分利用雪墒提高造林成活率，逐年提高园区的植被覆盖率，有效控制风沙的蔓延。沙地增绿，以丰富植被多样性和提高植被覆盖率为主，在沙漠保育区和体验区除种植梭梭、柽柳等绿化植物外，以灌溉绿洲为主体，引种适宜荒漠半荒漠区域生长的各类植物，适度种植肉苁蓉等兼有防护、经济价值的药用植物，合理发展沙地种植产业。植被美化，以群落优化与树体美化为主，在沙地增绿基础上，结合旅游等专项规模，实施“四区三线”的绿化植物进行群落优化、树体美化等维护工程；结合地形、沙丘分布和旅游步道，定向开展沙丘内和沙丘间植物群落的优化，提高绿化效果，在其他区域，重点对设施和活动区以外沙地绿化植被进行维护，防止地被植物的人为践踏，对高大木本植物进行形态修剪、塑造和美化，提高景观效果。

要结合公园建设实际，推出一批符合公园建设发展的旅游项目，为突出沙漠公园的科普、保护、展示、治理、游览、休闲多种功能，在旅游项目规划上要充分考虑不同类型的旅游项目，做到特色突出、内容丰富、寓教于乐。主要可以考虑以沙生植物园、科普展示馆、治沙体验园、沙产业观光园等为主的科普展示项目；以军垦纪念馆、烽火台、骆驼驿站等为主的文化体验项目；以沙漠探险、沙疗保健、玛河垂钓、基地拓展训练、沙漠越野、沙田农耕等为主的游憩休闲项目。

立足于良好的自然资源及人文资源，遵循“科学规划、保护优先、合理利用、持续发展”的原则，我们必将驼铃梦坡国家沙漠公园建设成为研究和利用沙漠生态系统的科普基地，为全国沙漠治理和防沙治沙工作探索新的发展之路。

文 ◎ 郭成藏

巍巍贺兰山，秀美新容颜

——贺兰山自然保护区生态环境综合整治修复

巍巍贺兰山，横跨内蒙古、宁夏两省（区）。

北起巴彦敖包，南至毛土坑敖包及青铜峡。山势雄伟，若群马奔腾。不仅是西北地区重要的生态安全屏障，同样也是我国一条重要的自然地理分界线。贺兰山还是我国草原与荒漠的分界线，东部为半农半牧区，西部为纯牧区。

因贺兰山矿产资源丰富，自20世纪50年代开始的大规模无序开采使贺兰山生态系统遭到破坏，大大小小的砂石厂和采矿场犹如一道道伤疤横亘山间，满目疮痍。2017年5月，宁夏回族自治区党委、政府全面打响贺兰山生态保卫战，把贺兰山生态环境综合整治作为全区生态文明建设的头等大事，以壮士断腕、破釜沉舟的勇气，倾全区之力，对保护区内169处人类活动点位进行整治修复，关停、退出工矿、农林牧等设施，一律停止矿产资源开采行为和建设项目审批。

宁夏明确自然保护区内矿业权项目一律不批准设立，到期

贺兰如梦云雾　　祁瀛涛／摄

的矿业权一律不延续，同时，严厉打击非法采矿行为，全面禁止保护区矿山开采活动。在综合整治中，原宁夏国土资源厅国土资源执法监察局的46名执法监察业务骨干，常驻贺兰山自然保护区，采取白天黑夜交叉巡查的方式，对保护区石嘴山境内83处矿点的停产停工、生活设施清理、人员遣散及房屋拆除情况进行拉网式清查，已关闭86家矿山企业，共拆除各类房屋1748间。

2018年年底，保护区内169处人类活动点全部完成治理，关闭退出的83处矿山已恢复地形地貌，53处人工设施已彻底拆除，保留33处设施实现共管共治。2019年，宁夏回族自治区党委和政府提出“把贺兰山作为一个整体来保护”的要

贺兰金绿辉映

求，全面启动了保护区外围地带整治修复工作，关闭退出所有露天煤矿，整治修复45处影响贺兰山生态环境的工矿设施点位；关停取缔重点区域332家“散乱污”煤炭加工企业。保护区内及保护区外先后累计投入各类资金近140亿元，整治修复面积达266.73平方千米。贺兰山黑、脏、乱、差的现象得到根本好转。

2020年6月，习近平总书记考察宁夏时，对贺兰山生态环境整治工作给予肯定，指出“贺兰山是我国重要自然地理分界线和西北重要生态屏障，维系着西北至黄淮地区气候分布和生态格局，守护着西北、华北生态安全。要加强顶层设计，狠抓责任落实，强化监督检查，坚决保护好贺兰山生态。”2021年6月，贺兰山生态保护修复被列为自然资源部和世界自然保护

祁瀛涛／摄

联盟联合推荐的10个中国特色生态保护修复典型案例之一。

贺兰山生态保卫战可谓摧枯拉朽。围绕着巍峨雄壮的贺兰山，宁夏下大气力进行大保护、大治理，走出了一条生态保护和高质量发展的路子。

在贺兰山保护修复过程中，宁夏投入的项目资金力度空前，目前已累计投入资金近150亿元，相继实施天然林保护、退耕还林、草原治理生态修复、贺兰山生态修复治理、宁夏贺兰山东麓山水林田湖草生态保护修复等工程。

“勇攀”贺兰山之巅

贺兰山既是一个天然的生态屏障，又是一个储量丰、品种

贺兰山生态整治前　宁夏贺兰山国家级自然保护区管理局林政资源保护科 / 供图

多的矿藏资源宝库，在宁夏已列入矿产平衡表的17种矿产中，产于贺兰山的占10种，其中煤、磷、硅石、各种用途的石灰岩和白云岩、黏土储量较多。据统计，20世纪70年代除汝箕沟、大峰沟、石炭井三大煤矿以外，贺兰山上仅有几十家煤矿、磷矿、硅矿、片石场等企业单位。自那以后，在贺兰山开矿、采石的企业越来越多，达到100多家，乱采滥挖、乱开山炸石、排渣，使本来生态环境非常脆弱的贺兰山植被遭到极大的破坏，特别是汝箕沟以北保护区试验区的部分破坏最为严重。1982年年底，贺兰山自然保护区管理局机构开始逐步对贺兰山套门沟、汝箕沟、大峰沟、白芨沟和石炭井地区的厂矿企业进行规范化管理，1998年底管理工作开始逐步走向正轨。但是，林地管理中仍存在着相当大的阻力，辖区一些领导从本部门、本单位利益出发，置国家法律于不顾，给自然保护区的林地管理工作带来阻力。2002年年初，贺兰山国家级自然保护区管理机构依法关闭了核心区12家厂矿，自筹资金搬迁了污染严重的贺兰山磷矿，计划逐年关闭对保护区破坏严重的厂矿。

贺兰山敏感而脆弱，一旦遭遇退化和破坏，短期内将难以恢复，保护好“父亲山”秀美容颜，守护我们共同生存的美好家园，成为历史给出的一道必答题。

面对曾经哭泣的“父亲山”，宁夏回族自治区党委、政府果断决策，以壮士断腕的决心保护贺兰山，一场全民保卫战在宁夏打响。“在这个问题上，我们态度坚决、导向鲜明，就是宁要绿水青山不要金山银山，宁可经济发展的速度慢一些也不要带污染的、发臭的GDP（国内生产总值）。”自治区原党委书记石泰峰先后多次就贺兰山国家级自然保护区环境整治工作听取汇报，作出批示。他指出，要牢固树立尊重自然、顺应自然、保护自然的意识，算好长远账、经济账和生态账。要把贺兰山作为一个整体来保护，无论是自然保护区内还是保护区外，都决不允许以露天采矿的方式野蛮破坏山体，破坏贺兰山，就是在毁坏宁夏人赖以生存的家园，在这个问题上没有讨价还价的余地，必须态度坚决、敢于碰硬。

生态文明建设，贺兰山在路上

贺兰山自然保护区生态环境综合整治攻坚战，既是转型发

工作人员正在进行生态整治　宁夏贺兰山国家级自然保护区管理局林政资源保护科 / 供图

展走新路的务实之举，也是造福子孙后代的铮铮誓言。还清生态历史欠账是当务之急，生态环境恢复治理刻不容缓！

宁夏抽调精兵强将，组成清理整治指挥部，将办公地点“搬”进贺兰山，深入山脉腹地开始“作战”。从暮春到严冬，工作组驻扎贺兰山下，立下军令状：不完成整治不松劲、不清理彻底不下山！仅石嘴山市牵头整治的点位，就散落在方圆1200多平方千米的土地上，治理面积超过6万亩，点多、线长、面广，有的坑深达100米，有的治理区域达25平方千米、长达5.7千米，恢复治理工程量巨大。

贺兰山清理整治情况错综复杂、利益盘根错节、矛盾犬牙

贺兰山生态整治成果缩影　　宁夏贺兰山国家级自然保护区管理局林政资源保护科／供图

交错、新老问题交织碰撞，涉及煤矿、非煤矿山、洗煤厂储煤场等各类企业近200家，同时还牵扯历次矿山企业整治遗留的历史问题，涉及4000多名职工安置。“就像坐在了火山口上，压力之大、矛盾之多、整改之难、问题之复杂都超出想象。但无论难度多大，都要整改彻底，贺兰山生态绝不允许有任何的历史欠账。”如同触碰经年累月层层叠加的伤疤，一揭开，触目惊心，贺兰山破坏面积之大、程度之深，令人发指。短短数十年时间，以牺牲环境为代价换取经济收入而造成的无法挽回的损失，需要后人付出数倍的代价去偿还。

敢教日月换新天，不破楼兰誓不还。面对复杂的困难和紧迫的时限，宁夏不讲历史、不讲困难、不讲客观，只讲现在、只讲担当、只讲办法，现场工作组鼓足干劲、铆足拼劲，最大限度地发挥自身能量，将宁夏回族自治区党委、政府的决策部署贯彻到底。驴子沟、南庆沟、葫芦峪、北岔沟、天气沟、黑湾子……一张贺兰山山脉全景地图上，圈圈点点，红蓝交错，一个个整改点位被深深描红，工作组人员早已熟烂于心，多次实地查勘，足迹踏破贺兰山阙。现场工作组牵头进山驻矿、一线攻坚，启动煤炭集中区综合整治，筹划建设贺兰山东麓生态带，一桩桩、一件件，紧锣密鼓、加快推进……根据每个整治点的不同情况，一点一策，分别划定完成时限，倒排工期、挂图作战，有计划、有步骤地快速开展集中攻坚。

紧盯发展痛点堵点，紧盯群众关心关切，以环保督察整改为切口，宁夏壮士断腕，向死而生。贺兰山保护区内，不论是投资超过百亿元、国内生产总值贡献大的规模企业，还是沿山脉散布的百余个开采点，一律关停，拆除设施设备，不计代价、不打折扣。

针对贺兰山矿区植被恢复树种筛选和栽培方面存在的问题，以宁夏林木良种蒙古扁桃为主，配套贺兰山乡土植物灰榆、紫丁香、酸枣等树种开展矿区植被恢复技术示范，解决苗木繁育、栽植等系列配套技术难题，以期更好地解决贺兰山地区生态林建设缺乏适宜品种的问题，联合宁夏回族自治区林业和草原局苗圃总站开展“贺兰山矿区蒙古扁桃等驯化树种生态

贺兰草木苍翠　　祁瀛涛 / 摄

修复技术示范与推广”项目，在贺兰山自然保护区石炭井清水沟和东沟头鑫煤矿生态恢复治理点推广以蒙古扁桃为主，以紫丁香、酸枣等驯化树种为辅的矿区生态修复造林共计300亩。

为保护贺兰山国家级自然保护区内的森林和野生动植物资源、矿产资源及生态环境，更好地承担保护区森林草原防火、林政资源管理等工作，在保护区简泉至王泉沟设置了约15千米长的保护围栏，并沿围栏设置了500米宽度约10000亩范围的防火隔离带。

自打响贺兰山生态保卫战以来，关停退出保护区内多年存在的矿山及其他企业，集中持续开展生态环境修复治理攻坚，保护区内人类活动点全部完成治理，全部通过自治区阶段性验收并销号，贺兰山的环境整治工作形成了压倒性态势，取得了阶段性成果，生态环境部、国家林业和草原局先后对贺兰山整治工作给予肯定并通报表扬。

目前贺兰山已经形成了系统科学的保护和监测系统。

野生动物监测　采取样线法与样点法相结合的方式，在保护区设立26条样线，结合日常巡护查山，监测野生动物出没、数量、种群等情况，要求每月每条监测样线至少调查2次；同时通过布设红外相机对野生动物进行监测，从2018年至今，共计布设红外相机120余台，累计获得雪豹、豹猫、兔狲等野生动物视频及照片超过500G，通过监测，进一步掌握了野生动物分布状况，为科学深入研究贺兰山野生动物提供基础。

野生植物监测　按照国家林草局相关要求，每5年进行一次森林资源一类调查，设置固定样地545处；另外贺兰山森林生态定位站按照不同海拔梯度、不同植被类型在贺兰山范围内分别设置了荒漠草原样地、灌木样地、灰榆样地、油松样地、混交林样地和青海云杉样地16处，每5年调查一次。通过监测，进一步摸清了贺兰山野生植物生长变化情况。

林业有害生物监测　利用现有15台太阳能诱虫灯和50套智能化林业有害生物监测诱捕终端设备，通过智能化监测诱捕，降低天牛类害虫的虫口密度和虫口基数，智能化分析贺兰山油松天牛害虫危害情况。

贺兰身披绿装　　祁瀛涛／摄

野生动物疫源疫病监测　严格落实野生动物疫源疫病监测制度，做到“勤监测、早发现、严控制”。监测样线覆盖辖区内陆生野生动物鸟类、兽类的主要分布区，利用移动端直报软件实时上报监测信息和全球定位系统（GPS）定位巡查轨迹，强化疫病的采样及报送样品工作。

生物多样性合作研究　近年来，保护区积极开展科研监测工作，加强与高校、科研院所的合作与交流，先后与东北林业大学、宁夏大学、西北农林科技大学、宁夏农林科学院等高校科研院所合作开展四合木、蒙古扁桃、沙东青、岩羊、马鹿、鹅喉羚等保护区内珍稀濒危野生动植物资源研究，为科学保护保护区内野生动植物资源提供了强有力的支撑，为保护区的发展奠定了坚实基础。

经过多年坚持不懈的调查、研究，形成了一批有价值的研究成果，2005—2019年先后有多个科研项目获奖。其中“贺兰山岩羊的种群动态及保护对策研究”项目、“贺兰山岩羊保护生物学专项研究”项目和“宁夏贺兰山森林生态系统服务功能评估研究”项目先后获自治区科技进步三等奖。

目前保护区已成为西北农林科技大学等多所高等院校的科研与教学实习基地，每年有600多名专家学者与硕博研究生到保护区实习科考，进一步促进了保护区科研工作的深入开展，有效保护自然保护区内各项自然资源和生态环境，提高植被覆盖度，有效降低森林火灾、病虫害等发生率，有效禁止保护区内偷牧、乱挖滥建等破坏保护区生态环境违法行为，巩固保护区生态环境综合整治修复成效。

寒暑靡间、昼夜交替，那些看得见的、看不见的努力，幻化成朝晖和晨光融进茫茫大山，照亮漫漫长夜，贺兰山脉曾经消失的绿色慢慢滋长，稳住濒临流失的水土，让绿色在脚下延伸，梦想在心间激荡。

贺兰山的罪与罚、救与赎如同一堂生动的教育实践课，给人以深刻启迪——如何守护这片青山绿水，关键是将“绿水青山就是金山银山”“环境就是民生，青山就是美丽，蓝天也是幸福”的理念内化于心、外化于行；关键是要牢记“伤害自然，就会受到自然惩罚”的训条，像爱护眼睛一样爱护生态，敬畏自然、顺应自然、保护自然，全方位、全地域、全过程开展贺兰山生态环境保护和修复工作；关键是要牢记生态环境保护是功在当代、利在千秋的事业，要算大账、算长远账、算整体账、算综合账；关键是要充分提高全民参与生态治理的积极性、主动性，推动形成人人关心、人人珍惜、人人爱护生态环境的良好局面，聚流成川，聚沙成塔；关键是要建立长效机制，环境保护只有进行时，没有完成时。坚持“当前治标，长远治本；长短结合，标本兼治”，从源头上严防，从过程上严管，从后果上严惩，让贺兰山容颜不老，笑容永驻。

贺兰山是一座丰碑，深深铭记历史，铭记泪水与汗水，铭记旧貌与新颜；贺兰山是一面镜子，映照出历史和现实的纵横交错，并以自身的实践证明，给自然以敬意就会获得公平的回报；贺兰山是一扇窗口，从这扇窗望进去，将看到天更蓝、山更绿、水更清、环境更美好的共同家园，看到建设美丽新宁夏、共圆伟大中国梦的磅礴力量，看到中华民族伟大复兴中国梦的壮美未来！

文 ◎ 魏文轩　张仲举　李晓娟

守护亚洲象，云南讲好人与自然和谐故事

2021年8月8日，听闻“北移亚洲象群安全渡过元江”，玉溪市峨山县的马如平松了一口气。

自5月23日首次接到北移亚洲象群即将进入云南省玉溪市峨山县的消息，到7月4日象群离开峨山进入新平县，历时月余紧张的护象追象，让马如平和峨山县林草局的同事们对亚洲象产生了不一样的感情和认识。即使在象群已经踏上南返之路后，他依然时时关注着这一群“吉象”的消息。

看完新闻发布会，放下手机，马如平打开电脑，在文档上打下了“我的追象记”，他希望用自己朴实的笔触，记录下这一次“吉象入峨、人象和谐”的难忘动人故事。

岂止马如平，这一场亚洲象的迁移之旅，牵动着的是亿万人的心。

2020年3月，北移亚洲象群离开原栖息地云南西双版纳国家级自然保护区，2020年7月进入普洱市，2021年4月16日从普

南部边境生态屏障保护的精灵——亚洲象　　云南省林业和草原局／供图

洱市墨江县进入玉溪市元江县。4月16日开始，北移亚洲象群迁移110多天，迂回行进1300多千米，途经玉溪、红河、昆明3个州（市）8个县（市、区）。8月8日20时8分，14头北移亚洲象安全渡过元江干流继续南返。加上7月7日已送返西双版纳国家级自然保护区的雄性亚成体独象，北移的15头亚洲象全部安全南返，象群总体情况平稳，沿途未造成人、象伤亡，云南北移亚洲象群安全防范和应急处置工作取得决定性进展。

2021年12月9日，回到原栖息地西双版纳国家级自然保护区勐养片区后，象群一直稳定在保护区内活动，偶尔到林缘采食，与周边社区和谐共处。根据监测，旅途中出生的象宝宝逐渐长大，拥有了一定的独立能力。2022年1月，大象家族又添1名新成员，此后象群进入勐养片区森林深处活动，甚少露面。

同样始终在追踪北移亚洲象群的国家林草局亚洲象研究中心主任陈飞说，亚洲象群北移南归，中国政府民众携手护象的故事，已成为中国促进人与自然和谐共生的生动范例，也为全球野生动物保护工作展示了美丽而温暖的“中国样本”。但是，帮助这群野象成功回家并不是终点，亚洲象及其栖息地保护仍任重道远。

一场迁移，温暖的中国样本

这次亚洲象群北移，对云南各级党委、政府，各相关部门来说都是一次严峻的考验。云南省委、省政府高度重视亚洲象群北移安全防范和应急处置工作，多次召开专题会议研究，要求千方百计确保人象安全，科学有序引导象群回归家园。国家林草局及时派出指导组，靠前指挥、大力支持，沿途群众积极配合、理解包容，各地政府勇于担当、主动作为。

国家林草局派出了由局领导带队、各有关司局负责人组成的指导组，云南省成立了由林草、应急、森林消防、公安等部门组成的省级指挥部，沿途州（市）成立以党委、政府领导为指挥长，各相关部门组成的现场指挥部，各有关县（市、区）

抽调林草、公安、应急等部门人员，整合多部门力量，调动党员干部，组建综合协调、技术保障、监测预警、安全管控、群众工作等多个专项工作组，形成了国家指导、省级统筹、属地负责的安全防范和应急处置体系。及时出台北移亚洲象群《保护与助迁工作制度》《安全防范常态化工作方案》和《应急管控方案》，形成“上下协同、前后衔接、专业有序”的工作机制。

国内外野生动物专家也对此次象群北移处置给予了高度关注和大力支持，提出了大量有益的意见建议。国家林草局亚洲象研究中心、中科院昆明动物研究所、云南大学、北京林业大学等单位的13名专家组成了北移象群处置专家组，全程提供科学指导和技术支撑。云南省野生动植物救护繁育中心、西双版纳亚洲象繁育与救护中心、昆明动物园、云南野生动物园，以及西双版纳傣族自治州和普洱市的专业技术人员30余人组成专业“护象队”，全程指导布防工作，科学、有序、规范、高效帮助北移亚洲象群向南迁移。

亚洲象群北移历时久、路程长，省级指挥部以问题为导向，制定“盯象、管人、助迁、理赔”八字方针。通过地面人员跟踪与无人机监测相结合的方式，对象群实施24小时立体监测，实时掌握和研判象群活动路线；对亚洲象可能经过的区域，提前进行交通管制，疏散转移群众，避免人象接触；采取封堵重要路口、动态鸣警、科学投放食物等方式，多次成功阻

迁徙中的象群

云南省林业和草原局 / 供图

止象群进入人群密集区域，帮助象群折返迁移；启动野生动物公众责任保险定损赔付工作，维护人民群众合法权益。

在象群途经区域实施严控措施，人员居家、车辆劝返，夜间拉闸限电，工厂暂时停工，在实践中总结出了“熄灯、关门、管狗、上楼”的现场处置工作口诀，排除人为干扰，确保象群安然通过多个重要关口。各地群众和企业表现出了极大的宽容和耐心，积极支持配合保护防范工作。亚洲象北移途中的一幕幕感人情景，体现了全民爱象护象的精神，成为中国促进人与自然和谐共生的生动范例。

省级指挥部成立后，在云南省委宣传部的高位统筹谋划下，通过推送新闻通稿、组织现场发布、专题采访、专家解读等方式，积极主动回应社会关切，国内外主流媒体广泛深入报道，全球舆论总体呈现正向态势。据不完全统计，超过1500家国内媒体对云南“亚洲象北移”进行了报道，微博、抖音、哔哩哔哩、今日头条等社交和信息聚合平台话题，累计点击量超过110亿次。其中，中央主流媒体报道超过3000篇；微博话题阅读量累计超过50亿次，多个话题单条阅读量超过1.5亿次；对中国亚洲象群北移进行报道的海外媒体超过1500家，相关报道超过3000篇，覆盖全球180多个国家和地区。这些报道，生动讲述了云南生态保护故事，真实、立体、全面展示了中国生物多样性保护举措和成效，塑造了中国良好的国家形象。

六项措施，守护云南亚洲象

亚洲象群北移处置工作，只是云南野生动物保护工作的一个缩影。更多的人，无论在亚洲象群北移之前还是之后，都坚守在保护亚洲象的不同岗位上，默默行动着。

早晨6点，在西双版纳国家级自然保护区勐养片区野象谷，亚洲象观测保护小组开始集合队伍，布置任务，强调纪律，一天的监测巡护工作就开始了。

一群野象悠闲地在沟谷雨林踱步，穿着绿色行装的观测小组成员举着望远镜，专注地看着野象，象道、脚印、皮尺、望

象群在河边戏水　　云南省林业和草原局／供图

远镜、观测日记……每一次观测到的野象情况，监测保护小组都需要以日记的形式记录下来，通过反复对比和验证，记下野生亚洲象的密林行踪，通过监测表格和笔记本的记录，整理后形成亚洲象监测数据库。

他们是野生亚洲象的守护者，时时要冒着生命危险战斗在密林之中，为每一次的跟踪发现付出艰辛的汗水，为每一次的实时拍摄留下满身创痕。

野生亚洲象在亚洲的13个国家和地区残存分布，由于栖息地破坏、猎杀等原因，种群数量下降，被世界自然保护联盟（IUCN）列为濒危野生动物。亚洲象在中国被列为国家一级重点保护野生动物，主要分布在云南。为拯救保护亚洲象，云南省始终坚持保护优先的发展理念，以高度的责任感，勇担重任，重点采取六项措施，努力改善亚洲象生存环境，维护人象和谐。

严厉打击盗猎和非法贸易　通过普法宣传和严厉惩治违法犯罪人员，形成有效震慑，使得保护亚洲象的观念深入人心，已杜绝盗猎亚洲象的情况。

持续开展科学研究　云南省林草局面向全国征集专家，组建了亚洲象专家委员会。国家林业和草原局成立亚洲象研究中心。云南大学设立云南亚洲象教育部野外科学观测研究站。2018年完成《中国云南野生亚洲象资源本底调查》，全面掌握亚洲象种群数量、分布和活动轨迹，常见种群能够实

俯瞰野象谷　　云南省林业和草原局 / 供图

现个体识别。

实施收容救助　2003年建立“西双版纳亚洲象繁育与救护中心”，组建了亚洲象野外救护技术支持团队，先后参与18次野生亚洲象的野外营救，并成功救助13头野生亚洲象。

推进监测预警和应急处置体系建设　云南全省聘用122名专职亚洲象监测员，建立“两分一包”的监测制度，在西双版纳建立了亚洲象监测预警中心。2017年开始综合运用人工跟踪、定点设备和无人机等监测手段，实时监测亚洲象分布、数量、活动情况，并通过定制手机应用软件（App）向分布区群众实时发布亚洲象活动信息，提示群众避让亚洲象。目前，亚洲象分布区域均已制定《亚洲象保护与安全防范应急预案》，

热带雨林景观

针对亚洲象进入公路、居民区等紧急情况，实施交通和人员管制，减少人象遭遇的概率。具备立即响应、迅速调度、妥善处理的能力。

探索安防设施建设　从保护区搬迁了10个村寨，在部分亚洲象活动村寨周围架设隔离围栏、安装太阳防象灯、加固民房

邱开培 / 摄

围墙等设施，为群众创造安全的居住环境。

推动中老跨境联合保护　西双版纳国家级自然保护区与老挝北部三省签订了合作协议，形成了南起“中国尚勇–老挝南木哈”、北至“中国勐腊–老挝丰沙里”的总长约220千米、面积近133平方千米的5个联合保护区域，保障跨境象群栖息安全。

国家公园，人象和谐最佳路径

随着保护力度加大，30年间，云南野生亚洲象种群数量由150头左右增长至300头左右。20世纪90年代，亚洲象分布于云南2个州（市）、3个县（区）、14个乡（镇）。到目前，长期活动范围扩大到3个州（市）、11个县（市、区）、61个乡（镇）。

亚洲象保护和安全防范是一项系统工程，是关系云南生物和生态安全、公共安全管理的难点问题。在野生亚洲象种群数量持续增长的背景下，亚洲象群的北移南返，为云南带来的不仅是点赞，更是对亚洲象保护的持续关注，最重要的是它加速了亚洲象国家公园的创建进度。

2021年7月9日，国家林业和草原局与云南省人民政府组织召开了亚洲象国家公园创建工作座谈会，确定了国家林草局与云南省政府将构建局省共建协作机制，推动亚洲象国家公园创建，推进亚洲象国家公园创建前期各项基础性工作。目前，云南省已经编制了《亚洲象国家公园创建方案》，明确重点任务；完成了亚洲象国家公园综合科学考察；划定了亚洲象国家公园范围和管控分区；编制了亚洲象国家公园设立方案等创建材料；制定了矛盾冲突处置方案和机构设置建议方案。根据《国家公园设立指南》，对标国家公园创建任务完成情况所列指标，涉及本底调查、范围区划、体制建

亚洲象之野性的呼唤　　云南省林业和草原局／供图

设、保护修复、矛盾调处、监测监管、宣传科普、社区发展8个方面22项子任务。

陈明勇已经追着大象跑了几十年，如今他又在积极地参与云南亚洲象国家公园的创建工作。在他看来，国家公园的建设，在更好地保护生物多样性的同时，也应当为当地的老百姓，特别是为亚洲象保护和管理付出巨大代价的人考虑，“能够让他们获益，也为我们将来的人和象之间、人和野生动物之间、人和自然之间搭建一个有益的桥梁，实现和谐共生共存的美好局面。”

文 ◎ 云南省林业和草原局

四 生态惠民

因竹而美，因竹而富

——安吉做好“竹”文章

“川原五十里，修竹半其间”，竹子是安吉的绿色名片。1886平方千米的土地上，竹海环绕、满目葱茏。据《尚书·禹贡》记载，在太湖形成之初，安吉就有了竹子。千百年来，安吉与竹子结下了不解之缘，其独特的竹资源不仅形成了丰富多彩的竹文化，也见证了安吉竹产业发展的历程，记录着安吉对绿水青山的坚守。

早在20世纪，安吉通过大力培育竹林，使得竹类资源总价值变得可观起来。竹农将成片的优质毛竹砍下，售往上海等大城市制成脚手架，另一部分毛竹则通过一系列工艺被制成竹凉席、竹地板、竹家具，那是竹业经济的发端。2003年4月9日，时任浙江省委书记的习近平同志在安吉调研时这样说：“安吉由‘竹’出名，做好‘竹’文章，进一步发展特色产业，前景广阔，大有可为。”安吉愈加深耕竹产业，由此积累丰富的产业培育经验，成为全国学习的样板地。

竹乡人家　　安吉县林业局 / 供图

近年来，我国国民经济飞速发展，人们生活水平不断提高，环境保护意识逐渐增强，传统“低、小、散”的低产能、高耗能的竹产业加工大大限制了安吉竹产业发展，传统竹产业转型发展压力日益增大，安吉人努力寻找竹产业创新发展新出路。2005年8月15日，习近平同志再次考察安吉，首次提出“绿水青山就是金山银山”的发展理念，为安吉竹产业未来发展指明方向。

如今，安吉以共同富裕为总目标，以竹林碳汇为突破口，按照“提升一产、做优二产、壮大三产”的竹产业发展思路，全面提升产业发展维度和发展质量，打开安吉竹产业竞争新局势、产业新局面，实现了从用竹竿到用全竹、从单纯加工到链式经营、从卖原竹到卖风景的跨越，以占全国1.8%的立竹量创造了全国近10%的竹产值。

从资源到优势，安吉毛竹甲天下

“那时候，双一毛竹享誉全国”。提起培育毛竹，双一村民脸上洋溢着自豪。双一村是安吉县毛竹大村。早在20世纪50年代，双一村就成立了全县第一家林业合作社，后来还因为在培育毛竹方面的突出贡献，受到国务院和林业部多次嘉奖。

安吉毛竹甲天下。

每一个到双一村展示馆的参观者，都对四周墙壁上展示的双一历史赞叹不已。双一村1958年、1962年两次被评为“全国林业先进集体”；1978年全国科学大会上，获评全国科技工作先进集体；1979年因在全国社会主义建设方面成绩优异，获国务院嘉奖令。一张张由国务院、林业部、农业部颁发的奖状引人注目，一张张充满年代感的和毛竹劳作有关的照片，更是让上了年纪的人会心一笑。

安吉“七山二水一分田”，“开门见山、出门上山”的双一村更是如此，漫山遍野的毛竹就是双一村民的“口粮”。靠山吃山，从20世纪50年代开始，双一村就开始探索毛竹丰产技术。

中华人民共和国林业部

奖 状

安吉县双建人民公社双一大队
几年来在发展林业生产中成绩优良
特此颁发奖状望继续努力为争取更大的成绩而奋斗！

部长

一九六二年十一月二十日

双一村林业部奖状

国务院嘉奖令

安吉县双建公社双一大队 在社会主义建设中成绩优异．特予嘉奖．此令．

国务院总理 华国锋

一九七九年十二月

国务院嘉奖令

安吉县林业局 / 供图

毛竹“双一经验”（左二为全国劳模朱岳年）

安吉县林业局 / 供图

1954年，双一村成立全县第一个林业合作社，并在上级部门的支持下，在村里的上庙坞区块建立了三亩毛竹丰产试验山，率先开展松土、施肥、增留底座竹等试验工作。1959年，双一村总结出挖山松土、培土施肥、改变大小年、保护春笋、合理钩梢、及时抚育、合理采伐、加强管理，即“挖、肥、改、保、钩、时、砍、管”的毛竹丰产八字经验。

丰产效果很快显现。1960年，双一培育出的一支眉围一尺六寸多的毛竹，送到北京展出，被称为“毛竹王”；1961年，在全国第一次竹子学术讨论会上，双一村介绍的毛竹丰产经验得到与会专家学者的认可；1963年，双一毛竹丰产技术引来大批国内外专家参观考察，双一村被称为“中国大毛竹基地”；1973年，双一毛竹丰产经验被整理成《毛竹丰产技术》一书出版，标志着双一毛竹丰产技术基本成形。

自然资源变经济优势。20世纪50年代，双一村一年的林

双一村毛竹经营手本　　安吉县林业局 / 供图

业收入就达到17万元。到20世纪七八十年代，大部分双一村村民就用上了自行车、手表、缝纫机这“三大件”。双一村毛竹林也从1920年不足万亩扩大到了2020年的1.4万亩，面积增加了近50%。

2012年以后，受市场供求影响，毛竹价格下降后，不服输的双一村村民又开始想办法“突围”。

2015年，占全村农户总数1/3的125户村民以毛竹林入股，组建起了拥有3000亩毛竹林的毛竹专业合作社。在林业专家的指导下，村里决心发展林下经济。通过外出考察学习，合作社将目标瞄准杨桐，并迅速试种了460亩。这是双一村竹林掘金的新希望。

经过5年以上的生长，杨桐苗便可以剪用。据估算，在采收初期，每亩杨桐每年能收入2000～4000元，之后会逐渐增长到5000～8000元，等到10年之后进入盛产期，每亩年收入能达到上万元。

杨桐种植走上正轨，合作社在2017年又种植了78亩三叶青。作为一味中草药，三叶青的生长期要4～5年，但每亩经济效益非常高，预计净收入能达到5万元。

“这些收入都将分给入股的村民。”朱学星说，通过林下种植，毛竹林的综合效益会达到万元以上。经营毛竹的老先进又在竹林增效上找到了方向。

毛竹林碳汇通量观测系统　　安吉县林业局 / 供图

竹林变碳库，空气变真金

“做梦都想不到有这样的好事！”山川乡大里村70多岁的李云福与68岁的池根法从自家竹林里返程，他们边走边谈，脸上堆满笑容。

竹农的笑容得益于安吉毛竹林经营的又一项探索。2021年12月28日，县属国有企业安吉县两山生态资源资产经营有限公司创立两山竹林碳汇收储交易中心。彼时，全县有5个村级专业合作社的21392亩毛竹林与中心签订了为期30年的《林业碳汇收储合同》，拿到首笔竹林碳汇交易金共计108.62万元。用竹农的话说，就是“竹叶子”变“钱票子”。一石激起千层浪，这一消息迅速在安吉炸开了锅。

竹子是速生、再生植物，一个20厘米高的竹笋一夜之间能长成2米高的竹竿，“砍六不留八”，竹子6年便达到最佳砍伐期。砍了又生、生了又砍的竹子比同面积树林能多释放35%的氧气。但这几年毛竹价格走低，人工成本又高，经营毛竹林入不敷出，竹农没心思上山砍毛竹，毛竹林逐渐抛荒。“现在不一样了，有了竹林碳汇，只要把毛竹林养好、管好，‘竹叶子’能换‘钱票子’”，景溪福林毛竹专业合作社社长王为年介绍道。

竹林碳汇收储交易，让绿叶子焕发金光彩。

有了收入，竹农培育竹林的积极性空前高涨，村合作社立即添置了竹林除杂机、打草机、竹林专用微耕机、开沟施肥一体机等专业化设备，并在竹林种植竹荪、黄精、大球盖菇等林下经济作物，修建延伸林道。这一系列举措将使原来逐渐泛黄、抛荒的毛竹林重新苍翠挺拔、效益猛增。大里村党总支书记应忠东说："保守估算，较之过去分散经营，农户人均增收3000元以上。"从"卖竹竿"到"卖空气"，竹林碳汇收储交易成为绿水青山转化为"金山银山"最直接的方式之一。

有了成功的经验，安吉迅速在全县推开竹林碳汇收储交易模式。2022年，林业局成立"竹林碳汇共富项目"指导小组，到村到户指导毛竹林流传，全县毛竹林面积1000亩以上的村119个，涉及竹农4.8万户、83.78万亩毛竹林，仅用两个月的时间便完成4.7万户、81.17万亩毛竹签约流转。

"下一步，我们将通过实施森林质量精准提升工程、林防灌溉系统提升工程、竹林碳汇监测体系工程、林道改造提升工程、竹材分解点建设工程五大工程，全面提升竹林可持续经营水平，充分发挥竹林生长周期短、固碳能力强的优势，形成全国范围内可复制、可推广的竹林碳汇收储交易共富经验模式。"安吉县林业局竹产业发展中心主任陈洁介绍道。

收储竹林里的空气离不开科技支撑。早在2010年，安吉就与当时的国家林业局竹林碳汇工程技术研究中心、浙江农林大学森林碳汇省级重点实验室合作进行竹林碳汇研究，形成了《竹林经营碳汇项目方法学》，按照国家自愿减排交易注册登

入户签订毛竹流转协议　　安吉县林业局／供图

记系统（简称CCER）标准，计算出平均每亩毛竹林每年碳增汇量为0.39吨，安吉据此打造竹林碳汇交易系统，收储时参照前30个交易日全国碳排放权交易均价确定收储价格。按照合同，3年为一个结算周期，中心一次性付给村合作社竹林碳汇收储金，再在收储价基础上添加收储成本后卖出，净收益的80%反哺给村合作社。

湖州师范学院“两山”理念研究院院长金佩华指出，安吉竹林碳汇把观念性价值向实体性价值进行转换的探索证明，碳中和不是经济增长的一个约束条件，而是全要素生产率增长的重要来源，将促进我国新发展阶段经济增长动能和增长模式的变革。在浙江大学教授王景新看来，“双碳”战略是一场关于新技术、新市场的赛跑，安吉的探索为中国在应对气候变化和发展低碳经济的国际赛跑中，掌握了利用竹林应对气候变化和发展低碳经济的主导权。

创新发展跑出产业加速度

2015年正式对外营业的安吉君澜国际度假酒店有个雅号——竹子酒店。在这家酒店里，小到肥皂盒，大到墙面装饰、家具摆设，全部采用全竹材料，这也是目前国内唯一一家采用全竹装修的酒店。承担这些竹产品供应的，是浙江永裕股份有限公司。

谈及竹材应用，永裕竹业董事长陈永兴十分自豪，“我们的竹产品，不仅在欧洲和美国市场有良好的美誉度，而且还进了北京奥运会和上海世博会，亮相G20杭州峰会。”眼下，永裕引入“全竹家居”概念，凭借椅竹融合、无限长重组竹等新技术，实现了以竹代木、以竹代钢，2021年公司营业收入6.2亿元。

一支翠竹吃个透，安吉真正做到了。竹鞭、笋壳可化身根雕工艺品，边角料变废为宝成为竹塑地板，竹叶中提取的竹叶黄酮开发出竹饮品，深加工以后变成竹纤维……在县林业局党委书记、局长盛强看来，从单纯利用“竹竿”到100%全竹利用，安吉始终不断挖潜竹材价值，并通过园区建设、政策引导，实现了竹产业的品牌化、集聚化发展。

位于孝丰镇的安吉竹产业科技创业中心于2005年建成。在这片占地3.55平方千米的土地上，可一窥安吉县竹产业整治提

原竹建筑　　安吉县林业局／供图

升和转型升级的成果。包括永裕竹业、华夏竹木、信竹生物在内，这里集聚了264家企业，竹材从原竹处理到加工再到竹废料利用形成循环。

这里的浙江信竹生物科技有限公司，是“中国竹炭产业化的引领者”，也是最早引进园区的企业之一。一直以来公司深耕竹子热解炭化生产技术，拥有两大国内外首创性核心技术，能高效率、大规模清洁产炭，使竹炭生产从20多年来一直沿用的低产低质并有污染的“土窑”作坊烧法，一跃跨入了工业化大生产新时代。目前已形成竹炭1万吨、高端活性炭5万吨的生产能力，其产品深受消费市场青睐。

“在安吉发展创新竹产业既是一种责任，更包含一种家乡情感。面对当前巨大的机遇与挑战，信竹人有信心继续做好

‘一带一路+竹炭产业化’的践行者、传播者，为全国乃至全球的竹产业转型升级与生态产业链建设贡献更多的力量。”企业负责人吴美新谈到。

2018年，以竹产业科技创业园为基础，投建国家安吉竹产业示范园区，园区重新定位“高效、绿色”的竹产业发展理念，实施竹产业的标准化生产、规模化经营、智能化管理，将竹材应用到更多绿色家居、大健康产业中，擘画竹产业发展的新蓝图。

2020年7月，按照“一带、两轴、三片区”的总体布局，启动国家安吉竹产业示范园区二期工程建设。2022年，首次开展竹产业领域重点研发项目，立项11个；洽谈双枪竹新材、中林竹颗粒板等项目8个，总投资额超40亿元；坤鸿新材料、永裕未来智造综合体、和也3个重点项目竣工，逐渐形成产业集聚效应。二季度趁热打铁，制定出台《关于加快推动安吉县竹产业振兴发展的实施意见》，12条惠民惠企政策，进一步推动一、二、三产业深度融合，为安吉竹产业发展再赋新优势、新动能。

得益于竹产业振兴发展的政策支持，浙江森林生物技术有限公司“以竹代塑”项目进展迅速。公司投入1.14亿元研发改性竹纤维填充技术，利用原竹及竹加工过程中的竹屑、竹片、竹蒲头等，生成植物纤维类完全生物降解材料，加工制成可降解手提袋、可降解吸管等日用、餐饮用品，实现“以竹代塑”。公司一期建成吹膜生产线8条、吸管生产线10条，年产完全生物降解手提袋2.4万个、完全生物降解吸管24万支。

“未来企业的发展要建立在资源高效利用和绿色低碳发展的基础之上，利用废弃的竹资源进行农产品深加工再利用，切实解决生物降解材料成本高、与人争粮的问题，未来前景广阔、利润可观”，森林科技负责人叶森林自信地介绍。

时至今日，安吉县竹产业已从几家台资企业起步，发展成了一个企业数量达2000余家、总产值200亿元的产业集群，形成竹质结构材、竹装饰材料、竹日用品等八大系列共3000多个品种的产品体系，先后荣获“中国竹乡”“中国竹地板之都”“中国竹材装饰装修示范基地”“中国竹凉席之都”“国家毛竹生物质生产基地”等称号。商品竹年产量、竹业年产值、竹业经济综合实力等指标均名列全国第一。

在第一竹乡看见美丽中国

从卖原竹到卖风景，在安吉已成为常态。1996年国务院总理李鹏考察安吉，亲笔题词“中国竹乡”。竹，俨然成了安吉对外输出的一张“绿色”名片。

在竹博园，竹子作为景区核心内涵，延伸出科普教育、体验娱乐、休闲购物等诸多功能。2010年，建成熊猫馆，引进4只大熊猫，进一步丰富竹生态旅游；2017年，引进工商资本，

老奶奶竹笋产品系列　　安吉县林业局 / 供图

修建酒店，真正形成“吃、住、行、游、购、娱”六要素为一体的全新格局。

更早的时候，竹博园还有个老名字——竹种园，只是一个以竹子科研为主的事业单位，隶属灵峰寺林场，用的是林场管理模式，年收入不到50万元。

坐拥竹林资源，为何这般景象？见证景区发展的竹博园原董事长张宏亮说：“是思路决定出路”。当时，竹种园还没有意识到竹子的旅游开发价值。当县内旅游业兴起，竹种园改变了经营模式，谋求以旅游带动景区经营。

变化随之而来。2002年，县林业局投资1200万元新建中国

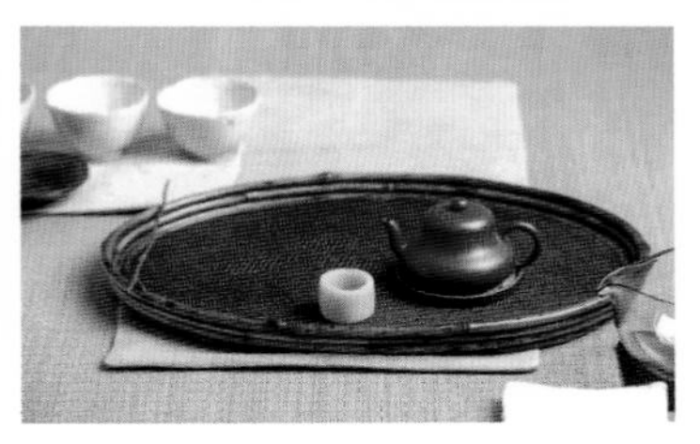

竹编竹雕传统工艺　　安吉县林业局／供图

竹子博物馆，并成功创建国家4A级景区。在此基础上，竹种园与其合并成为竹博园，经营迅速裂变。

“当竹子变成休闲资源，带来的不只是可观的经济效益，也让我们实现以园养园，在市场更迭中不断前行。”竹博园景区总经理王林伟说。

在旅游经济如火如荼之际，竹博园适时启动东扩工程，投资3亿元新建竹产业培训中心、热带雨林温室、游客接待中心，重新装修识竹厅、传统加工展厅、现代加工利用厅、全竹家具展厅、话竹厅、赏竹厅、论竹厅，全面提升景区品位。根据游客需求，竹博园定期开展竹简制作、竹编工艺品制作、竹

竹博园全景图

安吉县林业局 / 供图

大竹海　　安吉县林业局／供图

筒饭制作等系列“竹文化”主题活动，以及竹工艺课堂、帐篷野营等社会实践活动，实现生态环境和生态文化完美衔接。

竹博园的发展历程，是安吉卖竹林风景的一个缩影。在天荒坪镇五鹤村，坐落着国家4A级景区——中国大竹海，因《卧虎藏龙》在此拍摄取景而名声大噪。景区内碧竹荡漾、壮观深邃，每年吸引大批游客。旅游的兴起带动了竹农经营思路的转变，不少竹农放弃了原先竹拉丝、竹制半成品代加工生意，转而开起了农家乐。眼下，村里522户村民，有近1/5从事竹海旅游相关行业，每家农家乐的年收入达数十、上百万元。

在上墅乡刘家塘村，依靠竹林资源，村里推出了竹林抓鸡、竹林涂鸦、竹林“种”酒等活动，游客从1万人次/年逐渐增至25万人次/年。

如今，在安吉的国家4A级景区中，与竹相关的有竹博园、大竹海、浙北大峡谷等5家；竹林特色景区有藏龙百瀑、天下银坑、十里景溪、长龙飞瀑、竹乡国家公园等12家……更令人惊喜的是，伴随竹产业发展，竹子对于安吉，除了经济价值外，已成为一种文化符号、形象代言。安吉竹乐表演团、上舍村“竹叶龙”舞，这些土生土长的民间艺术表演，不仅在全国各类文艺展中频频亮相，还代表我国传统文化远赴法国等地参加演出。2021年，安吉接待游客2671万人次，旅游收入超365亿元，同比分别增长26.9%、19.9%。

“世界竹子看中国，中国竹子看安吉”。安吉因竹而美，因竹而富。在这里，竹子不仅富了安吉人的腰包，也养成了安吉人坚韧不拔、谦逊礼让的精神品格。安吉竹乡不仅是竹产业的发源地、兴盛地，更是安吉重要的文化输出绿色名片。

文 ◎ 吴雪玲　唐辉

江西油茶，让生态美产业兴

——江西油茶产业高质量发展实践

高质量发展油茶产业，把赣鄱大地搅得热火朝天。

油茶是江西的品牌、江西的特色，温润的气候，充沛的雨量和充足的光照，让江西成为最适宜油茶生长的黄金地带，加上2300多年的栽培历史，更是当之无愧的全国油茶原生区和中心产区。

江西油茶，香飘万家。2021年，17万吨茶油从江西出发，走进中国乃至世界的千家万户，全省油茶林总面积1620万亩，油茶籽产量70万吨，茶油产量17万吨，总产值达416亿元，面积、产量、产值均居全国第二。

作为江西省山区群众致富增收、乡村振兴的示范产业，江西油茶已告别“原始积累”，迈出了“规模数量增长”向“质量效益增加”的新跨越。

新造油茶林　　江西省林业局／供图

一叶报春，油茶树变身致富林

随着夏天的到来，定南县历市镇车步村林农钟剑滨又开始忙碌起来了，正加紧对去冬今春种下的高产油茶苗进行施肥抚育。在这165亩油茶林里，他记不清起早贪黑了多少天，却始终记得这片油茶林给他带来多少收益。

“看着这漫山的油茶树，打心眼里高兴，这是我的致富林啊，每年纯收入10万元以上！今年我还要多种一点油茶。”望着迎风摇曳的油茶苗，钟剑滨信心满满。

油茶发展，已经让江西百姓有了实实在在的获得感。

每逢油茶成熟季节，上犹县社溪镇龙田村的近万亩油茶树生机盎然，层层叠叠的浓绿中，一颗硕大的油茶果压弯了树枝，置身其中，感受到村民们收获的喜悦。

龙田村原本是一个贫穷小山村，种植油茶有上百年历史，当地村民们也十分认可油茶的经济效益。但长期以来“有就收、无就丢”的人种天养，油茶林的经济产出并不高。2020年，赣州市林业局对这个村的油茶林进行低产林改造，让这个村子“摇身一变”成为富裕村，走上了绿色发展的富裕路。

赣州市林业技术推广站站长刘蕾说：“我们通过油茶林低产低效林改造示范带动，由原来的亩产茶油12.2千克，增加到亩产20.6千克，每亩油茶林的经济效益可达2472多元，村民人均增收2184元，让村民看到了致富的希望，纷纷求着我们要搞低产低效林改造。”

看着种植油茶的收入越来越好，宜春市的村民们积极性越来越高，2021年尝到甜头的袁州区西村镇分界村村民彭圣文准备继续扩大种植规模。自从种植了油茶后，他家的日子发生了意想不到的变化。“去年油茶挂果率特别高，一棵树多摘了20多千克茶果。”彭圣文高兴地说。他家种有10亩油茶，每亩可产40多千克茶油，仅此一项可获得纯收入3万多元。对他来说，好日子是干出来的！出路，则来源于这片油茶林。经过近10年的探索实践，江西建立了统一规划、统一整地、统一标准、统一苗木、统一种植和分户管理的“五统一分”油茶产业发展模式。这种模式以村、组为单位，由村委会或当地种植大户牵头组建油茶合作社，整合农户自愿出让的林地进行相对集中种植，破解了“茶油好喝，树难栽”的问题，让林农真正得实惠，为江西油茶高质量发展提供了实践样本。

“五统一分”模式也让更多村民拥有了家门口就业的机会，很多以前总想“走出去”的村民，现在都愿意留下来。

“每年种植、采摘的繁忙时期，我们都会来这里打零工，

赣州市定南县贫困户采收油茶果　　江西省林业局 / 供图

平均每天能有200元左右的收入，还可以照顾家里。”袁州区天台镇村民易秀丰说，这份不离家不离地的工作，让她既高兴又满足。

在江西，除“五统一分”模式外，“公司+基地+农户”“国有林场+农户”“股份制+基地”等多种油茶经营模式也在实践中应运而生。

江西星火农林科技发展有限公司是一家民营企业，这些年来，通过租赁当地农户的残次林和荒坡荒地，建成了2万多亩高产油茶林，日常栽植、施肥、除草、修剪、采摘等工作，都由当地农户来完成。“每年要支付山地租金200万元，发放劳务工资400余万元，安置当地100多劳动力就业，人均年增收

“公司+农户+基地”的油茶发展模式下的油茶林　　江西省林业局／供图

3.6万多元，通过示范带动了周边11个村组2900多户农户种油茶”，公司负责人介绍说。

走进宜丰县车上林场的油茶基地，一棵棵油茶树迎风摇曳，生机勃勃。这个林场通过场外造林，盘活荒山荒坡广泛种植油茶，壮大了村级集体经济，带动了贫困人口增收。

两年来，车上林场种植油茶4000多亩，其中贫困户种植162亩，村集体种植1430亩，所辖8个村都成立了油茶产业合作社，形成了“村村有油茶，户户都参与”的产业格局，仅2020年就吸纳53户贫困户在村集体油茶基地就近务工。林场党委书记傅海波充满信心地表示：“按目前油茶市场每亩2000元收益计算，5年之后，村集体油茶基地将带来130多万元的村集体经

宜丰县直源村贫困户在车上林场油茶基地务工　　江西省林业局／供图

济收入，群众可从中增收280多万元，其中13户已种植油茶贫困户人均可增收近10万元。”

根据江西省油茶办的数据显示，2021年，全省油茶产业带动用工87.2万人，精准扶贫面积8.77万亩，涉及73个县，覆盖贫困人口12.7万人，户均增收2667元。

油茶栽种要到第八年才进入盛产期，投资回报经济周期超过60年，一次种植、长期受益。但是前5年没有收成，每年每亩还要投入500元管护。根据这种情况，江西鼓励引导企业和农户推广多种经营发展油茶林下经济，在油茶幼林地套种中药材、食用菌等，开展油茶园观光旅游、茶果采摘等活动，以短养长。

袁州区的油茶产业科技示范园利用高产油茶示范基地发展林下经济，建设2000多亩金银花、菊花等油茶林下经济作物套种示范区，同时上线油茶果壳综合利用生产线，年产茶香白鲜菇2000吨，生物有机肥5万吨。鄱阳县利用油茶基地发展林下养鸡，每亩放养土鸡40只左右，既控制了杂草生长和虫害侵袭，又为油茶林提供了有机肥料，减少了肥料成本的投入，同时还带来了一定的经济效益。

“中国黄精之乡”铜鼓县探索“油茶+黄精”套种新模式，实现了“一亩山万元钱”，成为江西林下经济发展典范。

“这些是长了3年的油茶树，但真正要开始见回报，还得有5年时间，从2018年开始，我在油茶林中套种黄精，收入有

鄱阳县德义源生态农业发展有限公司油茶基地　　江西省林业局 / 供图

1万多块钱。”铜鼓县棋坪镇柏树村村民向清辉指着油茶树下的长势良好的黄精，心里乐滋滋的。

“油茶林下套种黄精是一个很好的林下经济发展模式，树上结油茶籽、树下种黄精，油茶给黄精遮阴，黄精为油茶松土，这种相互利用的关系既提高了土地利用率，又提高了产量”，铜鼓县林业局局长陈龙说。

三产融合，铸就“赣出好茶油”品牌

产业发展得好，全靠产业“链”得牢。江西油茶在产业发展中大显身手，带动发种苗、栽植、加工、销售、包装、运输以及农资供应等关联产业，不论从规模、产量还是产值，抑或是产业链延伸，都实现了油茶一、二、三产业融合发展。

油茶产业高质量发展，品牌是关键。过去一段时间，江西各地各自为战，油茶品牌众多，产品质量参差不齐，“遍地是茶油，就是不知道是不是江西的山茶油”。

“江西油茶市场不规范、抗风险能力弱，面对市场冲击，要保住市场，只能发展自己的山茶品牌！”省油茶办专职副主任金晓鹏说。

从2019年起，江西开展了油茶品牌建设行动计划，以“营养、健康、安全”作为重要指标，制定了江西山茶油团体标准和公共品牌管理办法，推行“区域品牌+产品品牌”的双商标，采取统一标准、统一包装、统一定价、统一营销、统一管理的“五统”经营管理模式，并向社会作出“江西山茶油只做压榨”的承诺。2021年12月6日，首批5家授权使用企业生产的江西山茶油产品正式投放市场，反响良好。

如今，以“江西山茶油”品牌为引领，公用品牌、区域特色品牌、企业知名品牌为一体的“江西山茶油”品牌体系已经形成，不仅培育出“赣南茶油”“宜春油茶”“上饶山茶油”等区域品牌，统一设计的“江西山茶油”标志也被印在各大品牌的包装上，品牌影响力和市场占有率不断扩大。

作为中国主产区的江西油茶，如何打造让消费者更认可的绿色化、标准化、可追溯的优质安全的山茶油?

江西在茶油产品监督管理中，实施风险分级管理，通过日常监督检查、双随机一公开抽查等方式，对检验规则、标签标识、包装储运、追溯信息进行规范。开展油茶籽油食品安全专项抽检工作，对食品安全风险点及时通报监管部门，促进全省油茶产业质量效益稳步提高。

“江西山茶油”如此走红，靠的是区域化布局、标准化生产、产业化经营、规模化发展和品牌化引领，“江西山茶油，赣出好茶油”逐渐得到了消费者认可。“赣南茶油”品牌连续4年登上“中国地理标志产品区域品牌百强榜”，被列入中国首批农产品地域品牌，品牌价值66.85亿元。

有了“身份认证”，市场的茶油身价倍增，一斤茶油近百元，价格虽高却不愁卖，企业和农民都尝到了甜头。随着越来越多的优质油茶企业被纳入“江西山茶油”品牌体系，高品质的茶油源源不断地“流”入寻常百姓家，“江西山茶油”在市场上的口碑越来越好、品牌越擦越亮。

在激烈的市场竞争面前，油香也怕巷子深。为此，江西制订江西山茶油公共品牌宣传策划全案，加强江西山茶油宣传推广，开展媒体、高铁、地铁、电梯等广告宣传推介，组织省内油茶企业赴北京、上海等国内大城市开展江西山茶油品牌宣传推介活动100余次。随着线上销售的活跃和直播带货的兴起，江西通过电商和直播平台线上营销，不断扩大“江西山茶油”

的品牌知名度和影响力。油茶还走出国门远销至泰国、马来西亚、越南等东南亚国家。

通过三产融合发展，江西油茶加工企业迅猛发展。目前，全省拥有油茶企业280家，规模以上油茶加工企业36家，其中全国油茶重点企业8家、国家林业重点龙头企业12家，省级林业重点龙头企业74家。2019年，江西5款山茶油获国际风味暨品质评鉴二星风味绝佳奖章，并在全球范围内享有二星奖章3年授权许可期。这是江西省山茶油首次参与国际评比，标志着江西山茶油品质在国际上得到认可。

在江西，油茶不仅作为优质油品销售，还衍生出茶皂素、

江西山油茶加工现场　　江西省林业局 / 供图

茶颗粒、茶粉以及山茶油护肤品系列等精深加工产品。同时，江西设立“国家油茶产业发展研究中心”，在新品种选育、茶果采摘机械化、油茶衍生品上打造油茶产业核心竞争力，鼓励企业研发护发品、美容品、保健品、药品类油茶衍生品，提升油茶经济附加值。

群山四应，汇聚产业发展新引擎

探索油茶高质量发展之路，其实早在两年前，江西就在更高层面上有了战略谋划。

2020年，江西出台《关于推动油茶产业高质量发展的意见》，推进“千家油茶种植大户、千万亩高产油茶和千亿元油茶产值”油茶产业“三千工程”，全力推动油茶产业高质量发展。

省政府成立油茶产业高质量发展工作领导小组，全省11个设区市、50个油茶重点县组建油茶办，构建起省、市、县三级联动、协力推进的工作格局，全省有62个设区市、县（市、区）政府出台了推动油茶产业高质量发展的政策文件。

在资金扶持方面，各地也拿出了真金白银扶持油茶产业高质量发展，据不完全统计，各市、县财政2020—2021年安排资金达到3亿元，全省种植面积在10万亩以上的县（市、区）有49个。

赣州市把油茶产业列为“一把手”工程，出台了《赣州市低产油茶林改造提升三年行动方案》，明确了低产油茶林改造提升目标任务，建立低产油茶林改造提升“一扶三年”政策扶持机制，并整合资金2000万元开展油茶低改示范、赣南茶油品牌建设。如今，赣南茶油与赣南脐橙、赣南富硒蔬菜一起，已经成为赣南革命老区的新名片。

新余市出台《支持油茶产业高质量发展三十条措施》，力争到2025年油茶综合产值突破30亿元。上饶市提出了“三百工程”，明确了油茶产业发展目标，特别是横峰县整合资金每年用2000万元支持油茶产业发展……

在江西定南县岿美山镇坂埠村，张日平和工人们正在油茶基地除草，忙碌了一个多月，1400多亩油茶林的除草工作已经接近尾声。看着眼前青绿的油茶林，张日平由衷地感到欣慰。而在几年前，资金短缺让他一筹莫展，中国农业银行为油茶种植户量身定做的“金穗油茶贷”解了他的燃眉之急。“这笔钱前5年只付利息不还本金，对于我来说真是雪中送炭，有这么好的产业，有这么好的政策，我对种油茶充满了信心！”张日平拿到30万元贷款后喜不自胜。如今，他基地的油茶即将全面试挂果，预计产量可达10多万千克鲜果，产值在50万元以上。

2015年，中国农业银行江西省分行设立“金穗油茶贷”。这是一款为油茶产业量身定做、对油茶农户实施精准帮扶的信贷产品，深受农户和企业欢迎，目前已累计发放贷款超过37亿元。近年来，江西省林业局政府引来“活水”，借金融之手激活油茶高质量发展新动能，分别与建设银行和网商银行合作设立了“林农快贷”“网商林贷”，为种植经营油茶的林农林企提供了更加简单便捷的融资渠道。

与此同时，江西省还开展油茶保险试点，将油茶保险纳入特色农业保险产品，由中国人寿财产保险公司具体承保，省、市、县三级财政予以补贴，截至2021年，参保油茶林面积达296万亩，为30.4万户次农户提供风险保障95.93亿元。

金融活水在绿意间涌动，解除了农民后顾之忧，助力油茶产业提档升级，为油茶产业发展打造了坚实后盾。

油茶高产，种苗是关键。近年来，江西在“赣无”“长林”和“赣州油”3个油茶良种系列选育出了55个油茶良种，其中25个良种被国家林草局列为重点推广良种。2020年，江西省林业局在25个良种的基础上，开展了良种精选行动，优中选优确定了15个推荐栽植品种，有效保障了油茶良种质量，丰产期每亩茶果产油超50千克。

“这是今年刚种下的‘长林系列’油茶苗，你看看这成活率，达到了百分之百，这下我大规模种植油茶，心里就更有底气了。”信丰县万隆乡禾江村吕五秀指着已长了有30厘米高的油茶苗说。2022年，她准备把120多亩地全部种上油茶，选定的品种就是江西已经种了好几十年的“赣无系列”和“长林系列”油茶嫁接苗。

江西油茶良种育苗圃　　江西省林业局／供图

为保证油茶质量，江西实行定点供穗、定点育苗、定向供应，建设了14个油茶良种采穗圃，80家单位获得了油茶良种生产经营许可，油茶良种使用率达到100%，年生产油茶良种苗木约1.5亿株，其中三年生大苗约1600万株，为油茶资源高质量培育提供了充足的良种壮苗保障。

江西还建立了200个油茶资源培育成效固定监测点，每个监测点50亩以上，每年对油茶产量、生长情况进行监测，掌握全省油茶产量和经济效益等情况，研究油茶生产最佳的良种配置模式，改进油茶经营技术措施，也为林农种植油茶提供了良好的示范典型。

围绕推动油茶产业高质量发展，江西将更多的科研力量向山头地块下沉，每年选派科技特派员组成科技特派团，对接服

林业科技特派员在油茶基地现场指导　　江西省林业局 / 供图

务县域油茶产业发展，深入实地向广大农户开展科技服务、成果转化、技术培训等。

疫情发生以来，江西创新性地利用“林技通”开展线上培训，搭建起林农与专家之间的沟通交流服务平台，为提供油茶技术服务保障，让农户及时掌握油茶生产技术要点，打通油茶科技推广服务“最后一公里”，培训人员224万人次，油茶高产技术没有因为疫情而被“隔离”。

文 ◎ 刘小虎

“绿色银行”绘就最美生态蓝图

——河南南召国储林项目建设带动生态产业多元发展

山，连绵不绝。水，碧波荡漾。

站在河南省南召县鸭河口库区国储林项目基地远望，玉兰树满山遍野，荷花竞相开放。曾经，环鸭河口水库库区的上店村是荆棘丛生的荒山秃岭。如今，在国家储备林基地建设的示范引领下，上店村已经成为乡村旅游的网红打卡地和群众致富增收的幸福地。

上店村的变化，只是南召国储林项目带动生态经济多元化发展的一个缩影。昔日环鸭河口水库库区的荒山秃岭正在变成一座座绿色的银行。留山镇官坡村的王小梅说，现在不用外出打工，在家门口就能挣钱，可以说挣钱顾家两不误！

“七山一水一分田，一分道路和庄园”的南召，位于河南省西南部，伏牛山东段南麓，南阳盆地北缘，全县林业用地347.9万亩，森林覆盖率高达67.7%，被誉为“辛夷之乡”“玉兰之乡”“柞蚕之乡”。

南召国储林梅园花开 任德羽／摄

作为河南省的林业资源大县，近年来，南召积极践行“绿水青山就是金山银山”理念，以国家储备林基地建设为抓手，将乡村振兴、生态旅游、产业培育融入项目建设，调动政府、企业、个人等多种主体参与，历经4年多努力，高标准栽植玉兰（辛夷）2.2万亩，合理利用林下空闲林地，立体化种植各类药材1.71万余亩，打造出千亩以上各具特色的药林花海景观游园10处，打造出了“春有花、夏有荫、秋有果、冬有绿”，一年四季景不同的山水林田湖草综合治理的“南召样板”，实现了生态经济多元化发展。

巧手布局生态立县画卷

蓄良材、绿山川、富民生。2018年，南召实施国家储备林基地建设，项目总投资为15.37亿元，建设总面积30万亩。在项目实施之初，南召紧密结合县域发展实际，坚持城乡统筹发展，高标准规划、高标准实施国储林项目建设，聚焦“城边、库边、路边”，规划“一城两区一廊”蓝图，设计“山上有林、林下有药、四季有花”的建设思路，在加快构建农田林网化、山地森林化、郊区园林化、城市公园化发展格局中带动生态产业多元发展。

规划一城两区一廊，就是扮靓一城，扮绿两区，扮美一廊。

扮靓一城，打造森林城市，以县城为中心，建设黄鸭河湿地风光带、城东郊区森林公园、城西林业集约经营产业基地。

扮绿两区，打造鸭河口水库生态涵养区，集中流转土地5万亩，建设中国最大的玉兰森林公园和世界木兰植物博览园，打造南召西部、北部生态屏障区。

扮美一廊，打造百公里玉兰生态廊道，在县域内主要干线公路沿线两侧，按照宜林则林、宜育则育、宜改则改的原则，建设一条5万余亩的生态廊道。

“曲院风荷”“紫藤竹海”“七彩稻田”……美丽的田园风光、梦幻造景，都是南召在围绕30万亩国储林建设任务、制

南召国储林基地鸭河口水库项目区　　闫东方 / 摄

南召国储林基地柞蚕广场　　杨春英 / 摄

定“一城两区一廊”总体规划布局的点滴成果。今天的南召，国储林项目区已成为全省脱贫攻坚的示范区、乡村振兴的试验区、乡村生态旅游的先行区。未来的南召，在“两山”理念的指引下，将会变得更加宜居、宜业、宜游。

管建并举抓好项目建设

山水林田皆是“资本”，绿水青山都是“价值”，管好用好储备林项目，全县人民义不容辞。自项目实施以来，南召在运营机制、发展模式和管理体系上进行了富有成效的探索实践。

创新运营机制。坚持林权国有、地权国有，探索“国有造林，国有收益”建设模式，依托县（区）林业部门，以专业人员为骨干成立两个国有造林公司，专业化实施国储林项目建设和运营，实现了项目成本低、造林质量高、长期可持续、地方效益最优。南召县金森林业开发有限公司（南阳市林投公司的全资子公司）作为项目业主单位，负责林地流转、年度作业设计、评审、招投标、报账及还贷等工作。南召县森源林业发展有限公司（县国有独资企业）作为项目施工单位，负责项目施工、日常管护等。

强化林权管理。对于新造林，先将土地经营权流转到金森公司，再组织项目作业设计，确保金森公司拥有30年的土地经营权和林木所有权。对于现有林改造培育，由森源公司通过赎买或合作等形式，取得全部或部分林权，将部分林权抵押给金森公司后，再进行后续建设工作。对于森林抚育，由森源公司通过赎买取得30年的林木经营权，将部分林权抵押给金森公司后，再纳入国储林项目建设范围，确保金森公司获得的收益足以偿还国开行贷款。

建设智慧林业。依托国储林项目建设，积极创建智慧林业系统，高标准规划建设国储林工程信息中心和培训中心，推进国储林管理信息化建设。信息中心连接国储林项目区22个红外高清摄像头，对全县所有国储林基地进行24小时实时监测。在不同地块设立永久性的国储林监测样木样地，设置样地检测二维码，定期测量记录，健全树木种植生长、管理维护情况大数据电子信息档案，实现“实时可查、即时可判、全程可溯、全域可控”。

健全监督考评体系。成立南召县国储林工程管理中心，制订国储林项目监管实施办法，定期对金森公司、森源公司的招投标程序和施工运营情况进行检查督导。同时，将国储林建设纳入全县绩效考评体系，作为县级重大项目，定期对各乡镇工作完成情况进行督查通报，加大对国储林项目的监管，确保项目建设质量和项目资金安全。目前，全县树木成活率达95%以上，资金拨付使用规范到位，各项工作按照时间节点推进有序。

妙手组合多元产业融合

林下经济不与粮争田，不与林争地，事关农民增收和林业提质增效，是乡村振兴的一项重要举措。南召在国储林项目建设中，本着能还款、有收益、可持续的理念，着力破解国储林建设周期长、投入大、见效慢、风险高的难题，打造森林村庄、培育乡村旅游、发展特色林果，走林苗景、林果药、林蚕菌、林养游“四个一体化”的“林+N”特色产业发展之路，仅林下栽植芍药、百合、连翘、桔梗、柴胡等中药

百合花海

材收益每年达4000余万元，实现项目短期可收益、中期可见效、长期可发展。

林苗景一体化。借助国储林项目建设，集中力量打造玉兰生态园，建设十大花木精品示范园区，规划建设100个森林村庄，实施“玉兰生态廊道”添彩计划，走“公司+园区+基地+农户”的发展模式，通过土地流转、基地就业、合作经营、入股分红等形式，打造出玉兰生态观光园和玉兰国际花木城两处苗木观光景点，带动9000多名群众增加收益，年户均收入1万元以上。拓展“协会+基地（大户）+农户”的产业发展联合体，搭建豫苗联网上苗木信息发布平台，3926家（人）生产

吕兆宇 / 摄

经营单位实现线上交易，同时国储林项目建设优先选用本地优质苗木237.6万株，价值594万元。发挥刘青发等一批产业领军人才的作用，先后在北京、上海等地设立南召玉兰示范基地和销售窗口，南召成为全国唯一能够进入北京、天津等北方园林绿化市场且适生的生产供应基地。作为河南的4朵金花之一，玉兰在第10届中国上海花博会获得铜奖。截至目前，全县建成国家级森林村庄17个、省级森林村庄19个，以玉兰为主的花木面积42万亩，形成了皇后、云阳、小店等七大玉兰花木乡镇，建成河南唯一一家玉兰花木产业化集群，从事以玉兰为主的花卉苗木专业村、种植户、经纪人有12万人左右，花卉苗木

生态家园　　吕兆宇 / 摄

年产值17.1亿元。

林果药一体化。整合资源优势和地方特色，引导广大山区群众发展木本中药材林、名特优经济林果和林下中药材种植，培育出“无虫板栗”、鸭河晚秋黄梨、崔庄软籽石榴、云阳硬溶质桃等林果知名品牌。建设小店乡万亩辛夷标准化种植基地，城郊乡银河虎山万亩皂荚、元宝枫基地，云阳镇万亩优质桃基地、乔端镇金蕾杜仲基地、乔端镇涟源生物林下中药材种植基地、四棵树乡软籽石榴基地等“十大特色林业产业基地”。特别是实施辛夷主产区提质增效工程，与中国林业科学研究院、北京林业大学等密切合作建立辛夷GAP种植示范基地，制定南召辛夷制种、栽植、管理、采摘、炮制、储藏等统一标准，受益群众2.9万余人，人均增收3200元。截至目前，全县中药材种植面积已达50万亩，中药材种植和加工企业已经有10多家，综合产值达5亿元，林果专业村达21个，林果业农民合作社26家，种植大户200多人。

林蚕菌一体化。坚定不移走绿色低碳循环发展道路，依托全县100多万亩柞坡（用于放养柞蚕的坡）资源，盘活桑林抚育、桑叶养蚕、桑木种菌，发展林下畜禽养殖。发挥新型经营主体和龙头企业的带动作用，组织企业家、科技服务、农民养蚕3支队伍，大力开展柞坡林抚育改造计划，实施食用菌产业增收工程，将柞坡抚育剩余物作为食用菌栽培的主原料，鼓励农户种植香菇、羊肚菌等，带动2000多户稳定增收，人均增收2100多元。依托山林资源优势，建成“林+禽”“林+畜”“林+蜂”等养殖基地31处，带动农户3200多人，年均增收3500多元。

林养游一体化。依托创建国家全域旅游示范区，借助国储林项目实施，积极提升五朵山森林康养景区，重新开发建设宝天曼森林康养景区，建成国家级自然保护区1个、省级森林公园2个，特别是南召伏牛山国家森林康养基地入选第四批全国森林康养基地试点建设单位。统筹生态休闲游和森林康养，发展玉兰产业，叫响南召玉兰品牌，积极申报玉兰国家主题森林公园，建设林旅休闲生态庄园，打造生态休闲游和乡村振兴的样板，推进“十大森林村镇、百个森林村庄和百公里玉兰长廊”建设，建成全国生态文化村1个，省级生态文明村20多个，省级生态乡镇10个，市级生态休闲旅游农庄5个。

生态产业富民成效喜人

南召县是河南省十大道地中药材种植基地县，2021年7月13日，南召县四棵树乡五朵村村民郝洪坡走进中央电视台经济半小时栏目，向全国观众介绍林下中药材种植经验。郝洪波是当地有名的中药材种植大户，也是一位中药材“土专家”。他利用在山中采到的濒危名贵中药材，开展原生态林下仿野生培育，建设名贵中药材种苗繁育基地1900多亩，进行濒危名贵中

国储林建设初期绿化梯田景观　　王东／摄

药材人工驯化、种苗繁育，带动周边5个乡（镇）、7个行政村的群众大面积种植中药材。

像郝洪波一样，靠林业种植中药材，从“种树——种药材——群众增收致富”实现生态经济双丰收的人不在少数。南召县白土岗镇村民，2021年种植30亩黄精，成本60万元，卖价200万元，刨去成本还赚100多万元。

近年来，南召县先后被国家林业和草原局、国家市场监督管理总局、河南省政府授予“中国名特优经济林辛夷之乡”“绿色道地中药材规范化辛夷种植基地县”“河南省十大中药材种植基地县”等荣誉称号。在2020年河南省农业产业发展博览会上，南召县荣获“2020河南省中药材产业发展十强县”称号。

翻开南召近年来林业生态和国储林项目建设台账，项目建设的经济、社会和生态效益数据喜人：经济效益已实现利税近1亿元。整个项目实施后，早期5万亩新造林可以销售玉兰等绿化苗木300万株，产值15亿元；项目区每年林下中药材种植、林下畜禽养殖等可实现林下经济效益1亿元，森林康养、生态旅游产业实现价值2亿元；项目建设到期后，30万亩国家储备林还可实现直接木材价值20多亿元。

社会效益带动相关产业发展。年均有1000户以上苗农把苗木销售给项目区，户均苗木销售收入2万元以上，不但带动了玉兰苗木产业发展，还有效带动一部分群众从事起树、运树劳务就业；项目区户均流转到森源公司的土地收益在3000元以上；项目区每年还带动10多个村4000多名群众从事造林、管护等稳定就业；项目区涉及的8个村，还通过扶贫整合项目入股森源公司，年集体收入均在8万元以上，当地群众一提起南召国储林纷纷竖起大拇指为其点赞，一致表示，南召国储林项目是他们致富增收的“加速器”。

生态效益日渐明显。通过集中连片规模化布局，已绿化鸭河口水库库区丘陵山地3.5万亩，提高库区森林覆盖率9个百分点，不但改善了南阳市水源地的生态环境，确保了南阳市饮用水的水质安全，同时还增加了森林碳汇储备。项目建设真正达到了蓄良材、绿山川、富民生的目的。

储备林项目建设鼓足了南召人民的“钱袋子”，良好的生态环境和丰富的森林资源已成为当地群众致富的“金山银山”。据统计，南召县辛夷、艾草、山茱萸、杜仲、黄精、白及、天麻、石斛、芍药、防己、桔梗、连翘、皂角、苍术等名贵中药材品种，种植总面积达52万亩，年产量700万千克，产值达3.5亿元。南召山茱萸、杜仲等种植面积均达10万亩以上，种植规模居全国前列。南召县是辛夷的原产地，具有2000多年的栽培历史，成林面积25万亩，种植规模居全国首位，产量占全国的70%。

在南召县委书记方明洋看来，南召是一个山区林业资源大县，出路在山，希望在林，发展林业生态产业具有得天独厚的资源优势。下一步，南召将围绕碳达峰、碳中和的经济发展战略目标，对接好碳交易项目，保护好生物多样性，确保国家战略木材储备的前提下，融合好林果药一体化、林蚕菌一体化、林养游一体化、林学研一体化的“林+N”的特色产业发展之路，大力发展乡村旅游、乡村振兴产业，做好全域旅游这篇大文章，力争将环鸭河口水库库区打造成中国最大的玉兰观赏基地、全国玉兰品种的资源库、全省乡村振兴的示范基地、全省乡村旅游的展示基地，形成吃、喝、娱、游、购、宿于一体、有影响力的大园区，努力实现生态经济效益双赢，以绿色发展助力实力、生态、智慧、幸福新南召建设。

文 ◎ 王东风

“神农百草”的现代演绎

——湖北房县天然中药材产业

地处鄂西北山区的房县，南倚神农架，北靠武当山，东扼荆襄，西望长安，自古就有“秦陕咽喉，荆襄屏障”之称，是国家南水北调中线工程核心水源区、秦巴山片区连片扶贫开发区和国家重要生态功能区。这里南北气候兼备，冬长夏短，春秋相近，独特的气候资源和良好的生态环境，为多种中药材的生长、繁衍提供了有利条件。生态环境良好，生物资源丰富，因此房县享有华中“天然药库”之名。

“神农药谷”，得天独厚

房县区位独特，全县域气候复杂多样，小气候特点突出，素有“高一丈、不一样”“阴阳坡、差得多”之说，是湖北省林业大县，全县林业用地面积653万亩，占全县国土总面积768.9万亩的84.9%，森林覆盖率84.59%。境内中药材达2518

中药材梯田　　房县林业局 / 供图

种，是神农尝百草之地，也是全国道地中药材主产地之一，《本草纲目》中70%的中药材标本采集于此，全国常用药材90%在房县都有生长或种植，中药材发展环境得天独厚。利用房县山区丰富而独特的中药材资源，开发生物医药产业，着力打造“神农药谷”，潜力巨大，前景广阔。

近年来，房县紧紧围绕省中药材产业链“大企业、大品种、大品牌、大市场、大健康”发展目标，坚持以“道地、绿色、生态”为核心，以全产业链开发为主线，以林下空间为突破口，以创新为动力，以科技为支撑，以市场为导向，狠抓天然中药材林下仿生培育经济产业，再造乡村振兴新增长极。

2022年以来，全县新发展中药材2.4万亩，总面积达32万亩，预计全年产值27亿元。现有规模以上生物医药企业14家，中药材初加工点23家，中药材专业合作社118家，5000亩以上的中药材专业乡镇3个，500亩以上的中药材专业村60个，有效带动1.2万名群众增收致富。

林下经济，大有作为

“五年前种的三亩黄精，挖了1.6万斤，卖了快10万元！”初夏时节，位于房县门古镇狮子岩村的湖北陵州药业有限公司中药材基地里，村民刘继群和10多名村民一起，忙着给黄精、白及等中药材浇水、除草，大伙有说有笑，看着连片的药材，期待收获的日子。

房县享有华中“天然药库”美名，发展中药材面积超过30万亩，其中林下种植18万亩，被授予“国家级林下经济示范基地”。如今，林药、林菌、林果、林禽等林下经济蓬勃发展。

健全体制机制　为全力推进房县生物医药产业发展，在省市的大力支持下，于2017年3月成立全省首家房县生物医药产业发展中心。“十四五”期间，房县将中药材产业纳入县“一主三大四优”产业发展体系，把中药材产业列为县七大重点农业产业之一。为此，又成立县中药材产业链工作专班，县长任第一链长，全力做好中药材产业发展工作。县委、县政府多次召开专题会议，研究出台《关于支持中药材产业链建设的六条意见》，在发展重点品种、扶持发展重点乡镇、支持种苗基地建设、奖励品牌创建、培育市场主体等方面给予真金白银的支持。先后印发《中药材产业链实施方案》《2022年房县生物医药产业发展工作计划》等，为林下仿生培育中药材发展产业提供了强有力的政策保障。

壮大基地规模　树立“量质并重、用养结合”理念，坚持以示范带动产业、产业带动基地、基地带动农户的大发展之路。新建“房六味”（虎杖、柴胡、黄精、苍术、白及、艾叶）种苗繁育基地1850余亩，从源头保障优质种子种苗供应。全面推广以“房六味”为主的标准化绿色种植，中药材GAP示范园核心区面积达3000亩，标准化种植面积达中药材种植总面积的50%以上，全县中药材示范园达到55个。2022年新发展“房六味”1.8万亩、其他中药材0.6万亩。2021年成功申报“房县中药材标准化生产基地建设项目”，并获得湖北省中药材标准化生产基地建设项目资金200万元。

延长产业链条　大力发展现代中药材加工业，提高产品附加值，引进培育了陵州药业、武当动物药业、赟天生物、三鑫生物、葵花药业等从事中药材加工营销的企业14家，专业合作社118家。大力推进中药大健康产品开发，可生产系列道地中药饮片1200余种。积极探索三产融合有效途径，初步形成以康

门古寺镇2022年春耕生产工作暨中药材种植现场会　房县林业局／供图

养旅游、休闲食品、中药饮片、中药制剂、中药材提取物、高端合成生物为主的全产业链格局。目前，已签约中药材加工上下游企业7家，拟投资35亿元，这将促使房县生物医药产业再上新台阶。

彰显品牌价值　大力实施品牌战略，以新、优、特产品拓展中药材产业市场空间，房县北柴胡规模化种植基地通过国家GAP认证，是全市唯一一家，“房六味”集体商标成功注册。房县虎杖、房县北柴胡、房县白及、房县绞股蓝荣获国家地理标志保护产品，房陵牌丹参、房陵本草牌柴胡、房陵本草牌白及、武当牌克林新、百草传奇荣获湖北省著名商标，“房县黄精”中国地理标志产品认证正申报中，中药材品牌价值日益凸显。

提高科技含量　实施引智引才工程，整合优质资源，实现借力发展。先后与湖北中医药大学、湖北医药学院建立产、学、研协作机制，组建湖北中医药大学房县中医药产业研究院，成立房县虎杖研究中心、房县中药新产品研究中心，为房县中药材全产业链开发提供政策、技术、研发、品牌支持，及时实现科技成果的转化。2019年房县东城工业园荣获省级中药材现代农业产业园区称号；2021年房县陵州药业责任有限公司成功申报为湖北省中药材农业产业化联合体。目前，纯化虎杖苷的纯度达98%，“降糖Ⅲ号”医院制剂技术开发取得新进展，速效富硒生物专用肥进入中试阶段，华中神农（房县）中药材研究中心建设稳步推进。

立足特色，挖掘潜力

房县提出，未来大力实施“十百千万亿”工程，即培育10个重点乡镇、100个重点村、1000名种植大户，建设万亩示范园区，全县中药材种植面积确保60万亩以上，培植多家年产值过亿元的龙头企业，把房县打造成全国“虎杖之乡”“黄精之乡”“柴胡之乡”“重楼之乡”“丹参之乡”。

房县中药材林下仿生正如火如荼地进行着，《中药材产业十年规划（2019—2029年）》的出台也为房县在10年内的发展指明了方向。未来，房县将围绕“打基础、强链条、建平台、创品牌、抓项目、增产值”的工作思路，建设中药材专业小镇5个，产业村100个，打造生物医药产业园区，力争实现生物医药产业“四百”目标，即基地100万亩，市场主体100家，产值100亿元，科研人员突破100人，建成华中地区最大的中医药产业集群。

围绕市场建基地　以推广“房六味”等优势品种为重点，鼓励支持各乡镇因地制宜发展，实现一镇（乡）一品、一村一品，发挥特色效益；引进先进种植技术，加强过程管理，加大林下种植推广力度，提升标准化、规范化种植效益；以西南片百公里产业带为重点，逐步辐射带动全县，形成规模化效益。以企业需求为导向，为上市公司、规模以上企业定向提供产业支撑，发挥企业拉动效应。力争到2025年全县中药材面积达到100万亩（人工规范化种植20万亩）。

瞄准弱项补短板　一是发展中药材初加工。出台建设初加工点的相关支持政策，在乡镇布局20个中药材加工点，在县城周边扶持10家占地面积10亩以上的初加工厂，支持初加工点做大做强，逐渐走上精深加工之路。二是精准招商。以中药材提取、中药饮片和中药材生产企业为主，定向招商，招上市公司或其子公司到房县投资或并购当地药企，补齐县内中药材精深

柴胡抢墒覆膜　　房县林业局／供图

加工比例低、中药材大品种少、龙头企业不强的短板。三是盘活现有药企。支持运营良好的药企通过加强科技创新、技术改造稳步做大做强。以一企一策的方式成立工作专班解决神农本草、神农源等企业存在的问题，让企业走出困境，走上良性运营之路。四是促进中药材三产融合。加大对特色小镇、高标准种苗繁育基地等二、三产业的支持力度，创新开辟生物医药新领域。力争到2025年全县规模以上生物医药企业达到40家，建成中药材特色小镇1个、高标准种苗繁育基地1个。

建好龙头强引领　一是发挥房县中药材农业产业化联合体

的辐射带动作用。利用湖北陵州药业有限公司现有仓储、加工、市场、服务等资源优势牵头组建中药材产业化联合体，规范种植、统一收购、标准加工、统一销售，解决农民销售难和药材低价贱卖的问题，从而提高农户种植积极性，带动农民增收致富。二是尽快把神农源的鄂西北仓储物流、交易市场、电商平台运营起来，充分发挥鄂西北仓储物流基地的功能。三是多样化、开放式培植龙头企业成为省级或国家级农业龙头企业。房县目前生物医药龙头企业省级3家、市级2家，通过培育，力争到2025年全县生物医药省级龙头企业达到6家。四是提升科技引领力度。协调、配合、支持华中神农（房县）中药材研究中心建成并发挥作用。五是继续加强与各大科研院校的合作，充分发挥各研究院作用。

争创品牌提品质　加大对道地中药材的宣传力度，建立中药材从种植、生产、收购、加工、包装、销售一体化可追溯体系，扩大“房县虎杖”“房县北柴胡”等国家地理标志产品生产规模，将房县中药材产品推向全国市场，提升房县中药材品牌知名度和影响力。积极争取房县道地中药材虎杖、黄精纳入省十大楚药，1～2个品种向国家道地中药材产区认证冲刺。

抢抓项目建园区　积极争取国家、省、市关于中药材方面的项目支持，运用项目资金撬动房县中药材产业发展。抢抓生物医药产业发展的有利时机，认真科学谋划生物医药产业园建设工作，尽快通过规划和方案，尽早开工建设。

壮大企业增产值　一是发展壮大精深加工企业，实现产值税收倍增。推动赟天公司正在研发的“黄姜皂素清洁高效生产工艺研究”项目尽快上马，利用黄姜废水开发纳米硒速效肥，实现年增收30亿元。二是打造中药材提取物工业超市，为房县中药材精深加工谋出路。以虎杖、北柴胡、黄精、白及、苍术为主，兼顾其他道地中药材品种，通过政策扶持或引进提取板块成熟的企业投资，全面、系统、多样化地提取中药材产品，做大提取物产业。三是加大对初具规模中药材加工厂的政府支持力度，尽快培育成规模企业，纳入统计口径和税收渠道。四是强化主管部门、协会职能，指导联合体统一对接市场，统一平台销售，增加抗风险能力，达到农民增收、市场主体增利、财税增效的目的。力争到2025年全县生物医药企业产值达到100亿元。

“用十几年的时间坚持做一件事”，这句话可以说是对房县近年来发展医药产业的一个总结。如今，房县已然找到了属于自己的发展良方，做到了绿水青山变成“金山银山”，带动了当地就业、税收、农民增收致富和经济发展，也让老百姓对未来的道路充满了信心。

文 ◎ 房县林业局

西部福地，美丽乡村

——宁夏西吉龙王坝村乡村振兴之路

初夏时节，沿着整洁的村道漫步。头顶是湛蓝的天空、轻柔的云朵，目之所及，郁郁葱葱，梯田环绕，好一幅惬意的乡村漫步图。此时一堵灰色墙体上的文字让人更觉诗意：即使没有春风万里，我也在这里等你！

龙王坝村，这个位于宁夏回族自治区固原市西吉县的普普通通的小村庄，和数百个与它有着同样窘况的村庄一样，曾经因为交通不便、没有致富资源而长期处于贫困之中。“贫困村”是它挣扎着想要摘掉的大帽子。

但从2014年开始，它有了不一样的称呼：国家级林下经济示范基地、中国最美休闲乡村、全区科普示范基地、全国生态文化村、“全国科普惠农村计划”先进单位、中国最美乡村游模范村、国家级五星级农家乐、中国乡村旅游创客示范基地、

梯田风光 陈水清 / 摄

中国第四批宜居乡村、宁夏回族自治区十大特色产业示范村、中国美丽乡村百佳范例……

2016年12月26日，中央电视台全国农民春晚在龙王坝的拍摄把小山村推向了全国，2017年春节期间凤凰卫视的报道更是把龙王坝这个小山村推向了海外。如今，通往龙王坝村的路修到了红色旅游胜地——六盘山脚下，不仅吸引了成千上万的游客前来休闲度假，也让村里12000亩土地焕发出了勃勃生机。

从重点贫困村到西部福地，心酸是过去的，热闹是现在的，经验是时代的。

龙王坝村全貌

“南部山区落后村庄”的蜕变

龙王坝村在火石寨国家地质公园、将台堡红军长征胜利会师地及党家岔震湖三大景点之间，距离西吉县城10千米，北接309国道，南连西三公路，交通十分便利。

近几年来，龙王坝村在各级党委、政府的关怀和各部门的

陈水清／摄

大力扶持下，以“农村变景区、村民变导游、民房变客房、产品变商品”的总体发展思路，依托本村位于火石寨和震湖景区旅游线路中间的优势吸引分流景区的游客，利用中国最美休闲乡村和国家级林下经济示范基地开展研学、旅行、科普教育和特色旅游产品（精品马铃薯、精品草莓、林下生态鸡、油牡丹）拓展省内外旅游市场，大力发展乡村旅游、林下经济、休闲农业，走产业融合发展之路，探索出适合六盘山贫困带精准扶贫的新模式，加快村民脱贫致富步伐，彻底改变了贫穷落后的面貌。

截至目前，龙王坝村在当地农业农村局、自然资源局等部门的大力扶持下，共投资9000万元建成了百亩梯田、高山观光温室、果蔬园、油用牡丹基地、万羽生态鸡基地、农家餐饮中心、文化小广场、民宿一条街、滑雪场、窑洞宾馆、山毛桃生态观光园、儿童乐园、乡村科技馆等，形成了传统农村三合

龙王坝休闲基地　　陈水清 / 摄

院、多种风格特色民居并存的美丽乡村风貌，群众生活得到了明显改善，村容村貌焕然一新，形成生态良好、环境优美、布局合理、设施完善的休闲基地，呈现出一个具有地方和民族特色的新农村，走出了一条“南部山区落后村庄”变“宜居宜游宜商美丽乡村”的农村脱贫致富、乡村振兴发展的新路子。

“宜居宜游宜商美丽乡村”的起点

龙王坝村以发展林下经济为起点，以乡村振兴为目标，以脱贫攻坚为统领，以增加农民收入为核心，牢固树立创新、协调、绿色、开放、共享五大发展理念，依托本村丰富的自然资源，以“合作社+农户+基地+市场”为发展模式，按照“穷人跟着能人走、能人跟着产业走、产业跟着市场走、市场跟着科技走”的路径，创新发展乡村振兴模式。

注重环境保护，发展林下种养殖　2015年龙王坝村被中国生态文化协会评为“全国生态文化村”，2019年龙王坝村继续深耕生态文化村这块招牌，加大力量开展山林绿化、水土保持、植被覆盖等一系列行动，在发展林下种植养殖的同时，不以污染环境、浪费生态资源为代价，在进行生态文化开发的同时，充分保护现有植被和水土面积。例如“四个一工程”“七色花海项目”以及“中蜂养殖”“林下中药材种植”，均是在原有的梯田地上进行发展规划。

目前龙王坝村的林下种植主要以经济作物——中药材（板蓝根、芍药等），观赏作物——格桑花、万寿菊、百日草为主，林下养殖主要以中蜂养殖、林下生态鸡养殖、林下梅花鹿养殖为主。目前龙王坝的中药材种植达到80亩，观赏花卉种植面积达到50亩，中蜂达到140箱、生态鸡2000羽，梅花鹿10头。

尤其是林下中蜂养殖项目，通过这一项目，将龙王坝村一部分贫困户带动起来，使得他们一年的收入至少翻了一番。同时积极倡导政府部门提出的“我是一个幸福的养蜂人”口号，积极宣传，鼓励更多的农户加入山地养蜂的行列中，为自我致

林下生态鸡养殖　　陈水清 / 摄

富添彩，为生态扶贫代言。

开拓发展思路，开发林下农产品 在发展林下经济的同时，积极引导农户建设梯田大棚发展林下特色种植，在梯田地上新建农业大棚40余座，采取“合作社+农户+基地+电子商务市场”发展模式，按照“穷人跟着能人走、能人跟着产业走、产业跟着电商走、电商跟着市场走”的路径，积极引领贫困户在承包的大棚中种植林下油桃、特色草莓、蔬菜瓜果，为贫困户聘请专家指导，以及协助申请创业贷款扩大生产规模，丰收之时积极为农户联系销售渠道，使得农户能更加便捷地将产品变为收入。

生态观光林业——桃花盛开　　陈水清 / 摄

同时利用龙王坝退耕林地内种植的山毛桃建立扶贫车间，利用成熟的山毛桃制作桃核枕头、桃核手链、桃核坐垫等，不仅将山间的产品变为了商品，更为村子里的农民带来了新的增收渠道。

拓宽旅游接待，修建日光温棚　龙王坝村建设以市民生态休闲观光为主，融休闲度假、主题教育、拓展体验为一体的综合休闲农业示范园，兼备青少年活动基地、社会化旅游采摘、度假接待服务功能为一体的休闲山庄。凡是景区群众户均经营1栋休闲采摘日光温棚。据调查测算，农民经营1栋供游客采摘草莓、油桃、西瓜、西红柿、黄瓜等果蔬的日光温棚，年最低

生态农业——日光温棚　陈水清／摄

经济收入1.5万元，最高可达到3万多元。龙王坝村采取市场化运作、专业化经营，走以旅游促产业、以发展兴旅游的良性发展之路。以基地为中心向周边拓展乡村文化游、生态保护游及红色基地旅游等，扩大乡村旅游服务范围，提高服务质量。2020年接待游客达18万人次，收入达1900万元，为208户建档立卡贫困户解决就业，全村人均纯收入达11500元。

永不打烊的西部福地

近年来，自治区、市、县各级领导曾多次深入龙王坝村调研，鼓励鞭策、关注支持。龙王坝村在产业合作社焦建鹏的带动下，依托本村山、林、水、地资源优势，按照“生态立村、林下经济活村”的发展思路，大力发展林下富民产业，带领贫困群众脱贫致富，经济和各项社会事业得到了长足发展。一个生态环境优美、规划布局合理、基础设施完善的社会主义新农村正在蓬勃发展，也彰显了乡村振兴的新模式。

龙王坝村火起来了，但不会止步于此。龙王坝村的人们相信自己可以在乡村振兴的路上走得更远，站位更高，提供更多样化的示范。

想要走得更长远，加强培训力度、提高劳动素质必不可少 围绕当地产业发展，开展多种形式的农业种植、餐饮、回乡刺绣、法律法规、卫生健康等各类培训，进一步提高了

创业增收技能和水平。扩建“文化大院”，举办“清洁文明户”“最佳婆媳”“优秀村民”等多项评比活动，丰富群众精神文化生活，提高农民素质，促进家庭和睦，构建和谐村庄，创建精神文明村。

想要走得更长远，完善基础设施、提升村容村貌势在必行 完善村级公共服务设施，投资改扩建农家书屋、电脑室、村级文化活动中心等室内外活动场所；新建村级老年人饭桌；拓宽村组道路，进一步夯实“三通”基础（水泥路、电、宽带），扩建农户电商，搭建村级电商网络服务平台，加大景区改造扩建力度，延伸一体化的公共服务链条，规范景区旅游服务，扩容增量 ，拓展乡村旅游接待农户，提升农家接待服务水平，提高旅游服务质量。建立村级生活垃圾收集处理新模式，在村内建成20个垃圾池和15个专用垃圾箱的基础上，按净化需要增加设施，聘用了3名保洁员，常年负责村中卫生，落实了长效保洁制度。

想要走得更长远，就要注重产业发展，拓宽致富路子 依托当地的马铃薯、山桃、甜杏、油用牡丹、金银花中药材等特色农林产品，扩大梅花鹿、生态鸡的饲养量，提高农林产品质量和品质，加大金融扶贫力度，发展乡村现代生态休闲观光农业，投资1000万元建成龙王坝村红泉湾心雨林下经济产业园区，达到产业提质增效，增加经济效益和社会效益。让产品变商品，让商品变礼品，让村庄更美丽。

龙王坝村林区　　陈水清 / 摄

想要走得更长远，就要挖掘本地资源，创新发展思路 按照“农村变景区、农民变导游、民房变客房、产品变礼品”的发展思路，以“生态休闲立村、乡村旅游活村、林下经济富村”为抓手，对龙王庙、千佛庙、诸神观、古道、古城堡进行再开发、再保护，充分体现龙王坝村悠久的历史与深厚的文化底蕴，按照先村庄、后田庄，先村容、后文化的做法建设社会主义新农村。

文 ◎ 石宗礼　朱进学　焦建鹏

退耕还林，织出绿色贵州

在贵州省的中西部，有一座风景秀丽的历史名城——织金。这个位于贵州省中部偏西的地方，有着悠久的历史、浓郁的民族文化、秀丽的自然风光、丰富的地质资源。这里有“天下第一洞”——织金洞，还有世界一流的喀斯特景观——织金大峡谷，这里还是“溶洞王国”“西南煤海”“中国竹荪之乡”“宝桢故里”……

山灵水秀的风光和浓郁的文化氛围却难掩这里曾经的贫困。正当生活在这片土地上的人民忧心忡忡的时候，一声退耕还林的号角吹走了他们心中的阴霾、带来了希望、唤起了斗志。

自2002年实施退耕还林工程以来，织金县紧紧围绕毕节试验区“开发扶贫、生态建设、人口控制”三大主题，把退耕还林与产业结构调整、农民增收有机结合，实现了“政府得绿、社会得益、林农得利”的三重目标，退耕还林工程成为老百姓

自强乡山口村2014年实施的退耕还林　　织金县林业局／供图

欢迎的“德政工程”“民心工程”“扶贫工程”。工程的实施，推动了脱贫攻坚进程，彰显了生态扶贫，取得了生态、经济、社会“三大效益”。

让“荒坡岭”变成“聚宝盆”

织金县马场镇凹河万亩樱花基地位于贵州织金县马场镇的中心、营上、龙井、关上四个村，地处“百里乌江画廊”上游。这里景色可谓奇峰秀水、风光旖旎，隔岸观看，山水相间。再加上这一片片成片的樱桃种植基地，犹如一副栩栩如生

织金县马场镇凹河万亩樱桃园　　织金县林业局／供图

的山水画卷，美不胜收。

“这里大多数都是陡坡，土地不成片，为了生活，以前祖祖辈辈都是种植传统庄稼，但是收成一点都不好，养家糊口都成问题。”贵州省织金县马场镇营上村村民王晓燕感慨道，“现在好了，这里通过退耕还林打造成了万亩樱桃种植基地，我家土地全部种了樱桃树，每年的收益足够全家人生活，而且樱桃五月左右就收成结束，剩下的半年时间还可以做点其他事情。”

织金县马场镇营上、龙井、中心、关上村充分利用海拔低、土地肥沃的地理优势，依托退耕还林工程建设，迅速扩大“早春第一果”玛瑙红樱桃的栽培，并形成了16000余亩的马场镇凹河玛瑙红樱桃产业带，覆盖农户2000余户。

“每年只要樱桃熟的这一个月，来我店里吃烙锅的人络绎不绝，经济收入就达两万余元。平时也会有人来这里游玩，都会在我的店里消费，一年赚个五六万不是问题，要不是这个樱桃基地，估计我在这个地方仍然是脸朝黄土背朝天，一年哪能有这么多经济收入，想都不敢想。”织金县马场镇龙井村商户张平告诉笔者。

织金县马场镇万亩樱桃目前已有6000亩达到盛产期，年产值达4000余万元，户均2万元以上，打造出了“乌江之门·花海凹河·樱桃之乡”农旅品牌，走出了“生态+扶贫”新模式，实现了生态美、百姓富的有机统一，使织金县马场镇万亩樱桃基地成了赏花品果的乡村旅游胜地。

织金县按照“产业围绕旅游转、产品围绕旅游造、结构围绕旅游调、功能围绕旅游配、民生围绕旅游兴”的大旅游格局，充分借助新一轮退耕还林工程的建设，积极与全域旅游、休闲养生产业发展相结合，大力打造培育一批集生态观光、休闲养生为一体的精品产品，吸引外地游客到织金感受山水风光之“秀”、地方风物之“味”、人文风韵之“厚”、民族风情之“彩”，以丰富的旅游生态和人文内涵，切实推进新一轮退耕还林与全域旅游深度融合。

近年来，织金县官寨乡退耕还林依托世界地质公园——织金洞风景名胜区特殊的地理位置，丰富的区域资源，竭力打造四季花飘香，季季果满园的经果林园区，打造出乡村文化生态旅游妥倮苗族风情园、红岩生态园、屯上溶谷苗寨等休闲旅游观光场所，推出麻窝樱桃、红岩柑橘等特色品牌，形成了林业与经济、旅游融合发展的新模式。

沿着弯曲盘旋的公路走进织金县自强乡山口村，漫山遍野的枇杷树映入眼帘，让人有拨开云雾见山峦的景象。

“现在刚卖完这一季枇杷，家家户户都是腰包鼓鼓。”织金县自强乡山口村党支部书记王强介绍说。

织金县自强乡山口村位于乌江南源三岔河畔，该村青山延绵、碧水静流，具有得天独厚的地理优势。为充分利用地理、气候优势，2014年以来，山口村借助新一轮退耕还林工程，大力实施特色经果林——1500亩五星枇杷，每年5月，前来山口村采摘、购买、游玩的人络绎不绝。

2022年5月28日，织金县自强乡举办了首届枇杷文化节，助力山口村枇杷销售，推动乡村旅游发展。目前山口村已有临河民宿31家、农家乐20多家，年旅游综合收入超过200万元。

第一批参与发展枇杷种植的老党员郭太武，如今已成为坐拥20亩枇杷树的“地主”。说起村里的变化，老人感慨万千：“现在党的政策好，我们村的生活环境变化大，枇杷熟了就有游客来采摘，一亩地有上万元的收益。”

如今，旅游公路修进村里，每年前来休闲度假、采购水果的游客络绎不绝，村民顺势而为建起了20多家“农家乐”。截至目前，该村旅游综合收入超过200万元，绿水青山正不断转

织金县自强乡山口村枇杷园　　织金县融媒体中心　秦海艳／摄

变为游客体验生活、群众增收致富的“金山银山”。“我们正在为已建成的31间临河民宿找经营主体，把这里打造成农旅融合、休闲度假的旅游观光园。”织金县自强乡山口村党支部书记王强说。

2014年以来，织金县把新一轮退耕还林作为调整农业产业结构的重要举措，坚持政府引导和群众意愿相结合，打造出樱桃、皂角、柑橘、李子、石榴、枇杷等一批特色经果林产业，积极探索林菌、林药、林茶、林蜂、林禽等林下种植养殖模式，坚持以短养长、长短结合发展模式，增加林农收入。

织金县中寨镇青山村食用菌种植基地里，一排排食用菌仿

双堰街道桂花村实施的退耕还林

织金县林业局 / 供图

桂果镇绮陌村退耕还林　　织金县林业局／供图

佛是镶嵌在大地里的宝石，随时可以探出头来。

“织金县中寨镇青山村退耕还林资源丰富，降水量充沛，空气湿度大，通过农业专家的分析研判，非常适合发展林下食用菌产业，今年青山村合作社发展赤松茸产业，既为群众增收提供渠道，又利于树木的生长。”正在现场搬运菌种的青山村合作社理事长郭家勇说。

“青山村合作社发展食用菌产业，采取党支部领办，合作社组织、公司提供技术指导，农户参与的模式，依托贵州织源生物科技有限公司的技术研发、菌种生产、销售及深加工一条线，保证农户每棒产值不低于5元，农户每棒净收益不低于1.5

元，让群众有事可做，有钱可赚。”中寨镇农业服务中心负责人高乙说。

近年来，织金县遵循“产业生态化、生态产业化”发展理念，结合该县区域优势及得天独厚的地理气候条件，将食用菌产业发展成该县乡村振兴重要的短、平、快支柱产业之一，为有效衔接乡村振兴提供了重要产业支撑，带领群众驶入致富的快车道。退耕地林下种植极大地促进了农民增收致富，实现了生态、社会、经济和谐发展的新格局。

优化生态环境，筑牢生态屏障

“这个位置就是双堰街道桂花村起风组2003年实施退耕还林的611亩生态林，是织金河流域的上游，以前这里荒山秃岭，大部分是陡坡耕地，水土流失极为严重，泛黄的煤锈水源源不断流入织金河，尤其在夏天暴雨季节，山洪裹挟大量沙土，填埋花红坝子的庄稼，河堤被冲垮，一片狼藉，群众损失严重。”在双堰街道桂花村凤凰山脚下，原织金县林业局业务分管领导左飞鸿回忆道。

2002年退耕还林启动，织金县围绕陡坡耕地、河流上游等重点区域进行规划，目前这里已经呈现出一幅生机勃勃、绿树成荫的景象。

放眼望去，昔日的荒山秃岭披上了四季常绿的盛装，清澈的溪流缓缓流入织金河，不失为一幅美丽的山水画，凤凰山下已变成漂亮的凤凰生态公园，织金已从过去贫困落后的面貌华丽转身变成充满绿色生机的生态旅游城市、宜居的天然氧吧。

如今的织金县黑土镇箐口村到处都是青山绿水，从当初恶劣的生态环境，发展到如今的绿色屏障，这期间不知经历了多少挫折与磨难。

1982年，23岁的李明光第一次任织金县黑土镇箐口村村支部书记，也是织金县黑土镇箐口村退耕还林的领头羊。

李明光回忆，最严重的是1982年涨了一次大洪水，全村100多户人受灾，冲走了七八个人，牲畜冲走了几十头。就是因为大量开荒，从山脚开到山顶，造成严重的水土流失，所以当时最迫切的问题就是如何解决生态恶化问题。

在1988年，随着毕节试验区“扶贫开发、生态建设”为主题的改革号角响起，“退耕还林”等一批生态建设项目陆续启动，于是，李明光决定带领村民们种树，把所有的山头退耕还林，全部种上树，下面还修了拦沙道，解决了水土流失问题。

李明光始终坚守生态发展理念，带领父老乡亲植树造林，引领群众致富，村庄也从“荒山”变成了“绿林”。

“我们这个经果林是第一批栽的，1989年的时候，那时候收成好，果也结得好，有3000多元的收入，最差的时候都有一两千元。”织金县黑土镇箐口村原党支部书记李明光告诉笔者。

现在退休下来了，有空的时候，李光明会走出家门，看看当初自己种下的每一棵树，看到33年前在自己家门口种下的核桃树上挂满了核桃，李光明很是欣慰。

“像这样的核桃树李明光家就有10多株，每年能让他家增加一万到三万元的收入，而如今在箐口村，像这样的大核桃树就有上百株，每年能为村民们增加不少收益。”李明光介绍说。

不过，改革的过程总是艰辛的，在20世纪80年代初至90年代，对于刚刚步入改革开放的农村老百姓来说，要把部分耕地退下来种上树，土地不增反减，他们的吃饭问题怎么办？这成了当时的李明光书记必须正视的问题。面对这样棘手的问题，李光明并没有气馁，而是一边做群众的思想工作，利用好国家政策及时把该退的耕地、荒山种上树，一边亲自带领群众外出务工学技术增加收入来源，解决老百姓吃饭问题。

“对于部分山脚土地，号召在家的老百姓实行科学种田，提高单产，增加收入”，李明光书记一脸笑容。

然而，李明光明白，作为农村人，土地仍然是群众赖以生存的基础，学技术也是为了回到家乡更好发展。要让老百姓全部都在自己的故土谋发展，就得让十几年前保护下来的生态资源转化为实实在在的收入。李明光带领村民们对每一片森林进行了确权，规范管理、合理利用每一棵树，并通过调整农业产业结构，大力发展庭院经济、林下种植养殖业。

如今的织金县黑土镇箐口村村民成立了合作社，发展核桃、梨等经果林种植600余亩，中药材种植300余亩，养殖黑山羊上千只，生态和经济的效益进一步凸显。发展庭院经济，林下养殖和种植增加了收入，现在的日子慢慢奔向了小康。

织金县黑土镇箐口村打造高效山地农业升级版，让每一片退耕还林地变成农户的致富园，有效促进退耕还林农户增产增收，助力退耕还林农户致富，充分发挥退耕还林在扶贫攻坚中的作用。

厚植绿色底色，擦亮生态名片

夏季时节，走近织金县金凤街道挑煤丫林区，成片的山林让人惊叹。为提高退耕还林地产出，2021年，金凤街道化垮居采取“党支部+龙头企业+合作社+农户（贫困户）”的模式，整合财政扶贫资金、合作社以奖代补资金以及社会自筹入股资金种植林下红托竹荪1000亩，同时鼓励有林下资源资产的农户折价入股村集体合作社，实现村集体合作社和农户抱团发展。

织金县金凤街道作为织金县化垮河源头，具有“织金屋脊垄上”之称，金凤街道借助退耕还林工程的实施，实现了森林资源丰富的目标，林地面积达8000余亩，森林覆盖率78.2%。2019年，金凤街道荣获“省级森林乡镇”称号。

织金县朱藏镇林下竹荪种植基地　　秦海艳／摄

以保护生态红线为前提，以林地综合利用和林业生产效益为核心，让林业资源释放更多的“红利”，确保贫困群众持续稳定增收，让脱贫基础更加牢固、成效更可持续，乡村振兴之路更好走。

自退耕还林工程实施以来，织金县的生态建设步伐明显加快，森林资源持续增长。依托丰富的森林资源，全县以“绿色为底色，立足资源优势，走全域旅游发展”为工作思路，在保护好生态的前提下用好用活森林资源，实现绿水青山向“金山银山”的转变，全力抓好森林城市、森林乡村、森林人家创建，提高城市品位，擦亮生态名片。2018年，织金县荣获“省

樱桃梯田　　织金县林业局 / 供图

级森林城市称号”。

截至目前，织金县获评国家级森林乡村4个，省级森林乡镇4个、省级森林乡村23个、省级森林人家87户。

近年来，织金县通过新一轮退耕还林工程大力种植皂角树。

织金县猫场镇的贵州美滋堂食品销售有限公司工作车间，20多名工人正在熟练地对皂角精进行加工。在这里，每天有不少于1.5吨的皂角籽需要加工。

织金县猫场镇新寨村村民彭国祥没有想到，自己当初种下的皂角树，如今成了每年可产生收益超2万元的“摇钱树”。

“皂角精加工是一个劳动密集型产业。”织金县皂角产业商会会长、贵州美滋堂食品销售有限公司负责人谢伟介绍说，从皂角籽中剥出完整的皂角精是一项“精细活”，现在还没机器可代替人工，只能用手剥。目前，全县皂角精每年的加工费达4800万余元，受益农户6000余人。

谢伟口中的“两头在外”，是指皂角精产业的原材料和销路。“全县零散分布的皂角树，每年最多能提供100吨左右的皂角籽，相对每年数千吨的加工需求量，无疑是杯水车薪。”

皂角精能挣钱，当地百姓开始种植皂角树。猫场镇村民刘忠贤退休后，便尝试着种起了皂角树。“皂角树浑身是宝，除了能结皂荚，它的刺也是一味名叫天丁的中药，每斤能卖40多元。”2021年，刘忠贤靠着皂角精和皂角刺挣了4000余元。

刘忠贤介绍说，种皂角树虽然前3年看不到效果，但第三年至第五年亩产刺6～10千克，每年亩产值为600～1000元，丰产期亩产刺100千克以上，亩产值5000元以上，同时亩产皂荚1100千克，可加工皂角米110千克，亩产值8800元以上，皂角树可谓群众增收致富的“绿色银行”。

“绿水青山就是金山银山”。2018年以来，织金县委、政府看好经济效益和生态效益双丰收的皂角产业，充分利用“织金皂角”被列为贵州省十大山地生态特色农产品以及皂角精获评国家地理标识产品的有利契机，引进浙江三多公司、沁心源公司，成立皂福万家公司，分别牵头实施全县皂角种植，推动绿色发展，打造全县特色产业增长极。坚持走特色化、规模

织金县猫场镇川硐社区皂角林下经济　秦海艳／摄

化、专业化、商品化“四化”发展路子，采取退耕还林项目覆盖等方式，做大做强特色林业（皂角）产业，取得了明显成效。目前，织金县皂角种植面积达52.07万亩。

如今的织金县，荒山石旮旯皂角成林。织金皂角，不只是一棵树，更是织金群众增收致富的“摇钱树”。

据悉，织金县皂角种植被省人才工作领导小组命名为贵州省皂角种植管护及品种改良人才基地。“织金皂角精”获批“国家地理标志登记保护产品”，被评为“贵州省十大山地生态特色农产品”，皂角产业被列入贵州省十二大重点发展特色产业予以支持。皂角产业已成为继“织金竹荪”“织金洞”之后的第三张“金字”名片。充分利用林下空间，大力发展林下竹荪（食用菌）、林下养鸡、林下南瓜、林下银杏等一批具有织金特色的林下产品品牌，让绿水青山成为群众的“幸福不动产”和“绿色提款机”。

2021年，全县发展林下经济产业利用森林面积32.1万亩，产值达12.12亿元。全县林业产业不断壮大，业态不断丰富，产值稳步增加，切实推进了农业产业结构调整发展，为乡村振兴打下坚实的基础。

如今的织金，生态底色亮丽，“绿色名片”越擦越亮，“青山变金山、绿水变富水、空气变财气、林地变宝地”。20年来，织金实施退耕还林工程，始终坚持打好脱贫致富和生态保护两场战役不松懈，牢牢构筑“两江”上游生态屏障，促进特色林业、林下经济、森林康养、森林旅游生态产业蓬勃发展，一幅天更蓝、地更绿、水更清、林更茂、民更富的绿色织金山水画卷徐徐展现。

文◎ 杨春燕　秦海艳